Kanehl Thomas

einfach kleben

Die richtige Lösungsstrategie bei der
Montage mit doppelseitigem Klebeband

Erste Auflage – August 2010

Vorwort

Die Klebetechnik mittels vorkonfektioniertem Klebebands nimmt in der heutigen Zeit der Industrialisierung einen immer größeren Raum ein. Dabei werden vielfältige Varianten an Klebeband und auch hochmoderne Verarbeitungsformen immer häufiger zum Einsatz gebracht.

Ein Grund hierfür ist sicher, dass die Fähigkeiten von Klebebandsystemen immer weiter fortgeschritten sind. Wo früher ein Klebeband zunächst nur den Bindfaden ersetzt hat, um ein Paket zu verschließen, so ist es heute bis zur Montage von PKW- und Flugzeugkomponenten im Einsatz.

Der Einsatz ist nicht nur als Alternative zu anderen Montagearten denkbar, sondern häufig ist erst durch den Einsatz eines Klebebandes eine optimierte Lösung umsetzbar. So ist für die heutige Leichtbauweise zur Kombination verschiedener Materialien die Klebetechnik zumeist die einzige sinnvolle Möglichkeit, eine dauerhafte Verbindung durchzuführen.

Ein weiterer Grund für die Verbreitung des Klebebandeinsatzes ist der immer schnellere und einfachere Informationsaustausch durch unterschiedliche Medien wie Buchverlage, technische Magazine und Internet, welche den Zugang zu dieser Technik unterstützen.

Über dieses Buch

Dieses Buch richtet sich vor allem an junge Techniker, Ingenieure und Quereinsteiger aus den verschiedensten technischen Fachrichtungen, welche sich Dank Ihrer aktuellen Aufgabenstellung mit dem Thema Klebetechnik auseinandersetzen. Auch junge Menschen in der Ausbildung technischer Berufe finden in diesem Buch einen praktischen Leitfaden für die Arbeit mit doppelseitig klebenden Produkten.

Hier im Buch finden sie einfache Grundregeln, die sie in die Lage versetzen, die wichtigsten Prinzipien einer Verklebung zu berücksichtigen.
Außerdem lernen Sie die richtigen Fragestellungen für Ihre Anwendung zu formulieren und an die unterstützenden Profis der Klebebandindustrie zu richten.

Bei den Profis finden Sie, zunächst den Klebebandhersteller, welcher über eigene Mitarbeiter den Markt informiert und zum anderen den Klebebandkonfektionär oder auch Converter *engl.* genannt, welcher mit seinen Mitarbeitern über die verschiedenen Markenprodukte, technische Ausgestaltung der Klebebänder und bei der Weiterverarbeitung des Klebebandes seine Unterstützung gibt.

Beide Partner sind im heutigen Markt nicht mehr wegzudenken und ergänzen sich in Ihrer Tätigkeit.

Einige Zusammenfassungen und Tipps finden Sie innerhalb der Kapitel u./o. im Anhang.

Warum wurde dieses Buch erstellt?

Der Autor ist in der Klebetechnik in der Automobilindustrie und allgemeinen Industrie aktiv. Dort tauchen immer wieder gleiche oder ähnliche Fragestellungen auf. Aus diesem Grund wurde dieses kleine Nachschlagewerk über die Grundlagen der Klebetechnik mittels doppelseitigen Klebebands bis hin zur richtigen Verarbeitung und Prüfung erstellt, um Ihnen eine einheitliche Information an die Hand zu geben.

gez.
Thomas Kanehl

SYMBOLE in diesem Buch

Zum schnelleren Finden von wichtigen Merkmalen finden Sie eine kleine Hilfestellung mittels nachfolgender Zeichen.

 Bei diesem Zeichen sollten Sie den Absatz genauer unter die Lupe nehmen

 Hier finden Sie einen Tipp

 Kostenrelevante Informationen

Inhalt

Vorwort 2
Symbolerklärung 5
1 Grundlagen des Klebebandes 8
1.1 Aufbau des Klebebandes 8
1.1.1 Trägertypen 10
1.1.2 Klebertypen (Haftklebstoffe) 14
1.1.3 Die Klebebandabdeckung 19
1.2 Fertigungsarten des Klebebandes 20
1.2.1 Klebebandrollen 20
1.2.2 Klebeband als Formstanzteil 22
2 Oberflächen 28
2.1 Oberflächenrauigkeit 28
2.2 Oberflächenenergie 29
2.2.1 Messung Oberflächenenergie 29
2.2.2 Wassertropfentest 29
2.3 Oberflächenarten-Vorbehandlung 32
2.4 Oberflächengröße 34
2.4.1 Klein 34
2.4.2 Mittel 34
2.4.3 Groß 35
3 Die richtige Verarbeitung 36
3.1 Sauberkeit der Oberflächen 36
3.2 Mechanische Vorbehandlung 37
3.3 Oberflächenvorbehandlung 38
3.3.1 Primer (Haftvermittler) 38
3.3.2 Beflammen 40
3.3.3 Corona und Plasma 41
3.4 Geometrie 42
3.5 Faktoren 43
3.5.1 Temperatur 44
3.5.2 Zeit 44
3.5.3 Anpressdruck 45
3.6 Automatisierungs-Beispiele 47

4.	Prüfung der Verklebungsqualität	50
4.1	Tuschieren	50
4.2	Anpressdruckprüfgeräte	51
4.3	Thermoscan	53
5.	Prüfmethoden für Klebebänder	54
5.1	Prüfmethodik	54
5.2	Belastungsfall	57
5.2.1	90 Grad-Peeling	57
5.2.2	Statische Scherbelastung	58
5.3	Prozessbegleitende Prüfungen	58
5.3.1	Prüfplanung	59
5.3.2	Permanente Kontrolle	60
6.	Fragebogen	61
7.	Verarbeitungshinweise	62
8.	Resümee	63
9.	Ein abschreckendes Beispiel?	64
10.	Klebetechnische Begriff	67
11.	Danksagung	86
12.	Literaturhinweis	87

1. Grundlagen des Klebebandes

1 Aufbau des doppelseitigen Klebebandes für Montagezwecke

Oben in rot: Die Klebeband-Abdeckung, beidseitig abweisend gegenüber dem Klebstoff
Gelb: Klebstoffsystem
Schraffiert: Trägermaterial (z.B. Schaum, Folie, Gewebe etc.)

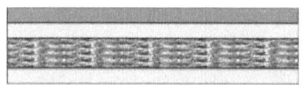

 Man unterscheidet bei einer Verklebung mit dem doppelseitigen Klebeband zwei unterschiedliche Arten von Klebekräften.

Adhäsion: Hiermit werden die Bindungskräfte an der Oberfläche des Klebebandes zum jeweiligen Werkstoff definiert. Diese Kräfte hängen stark von der Art der Oberfläche und dem Klebertyp ab. Trennen sich bei starker Belastung Klebeband und Oberfläche wieder voneinander, so spricht man von einem Adhäsionsbruch.

Kohäsion: Als Kohäsion bezeichnet man die Fähigkeit des Klebebandträgers im inneren durch molekulare Bindungen Kräfte zu übertragen. Spaltet sich das Trägermaterial bei einer starken Belastung so spricht man von einem Kohäsionsbruch. Ein einfaches Merkmal hierzu ist das Raumgewicht eines Schaums in der jeweiligen Materialart wie z.B. PE. Je höher das Raumgewicht, umso höher ist die Anzahl der Bindungen in dem Trägersystem und somit auch die Fähigkeit mehr Kräfte zu übertragen.

 Tipp: Bei einem Versagen in Vortests aber auch bei der späteren Serienproduktion sollte man immer die Art des Versagens im Auge behalten. Bei einem Adhäsionsbruch kommen weitere Faktoren durch die jeweilige Oberflächenbeschaffenheit hinzu. Mehr zu diesem Thema finden Sie in Kapitel 2. und 3. Beide Arten von Versagen sind in der Serienproduktion zulässig, selbstverständlich nur bei einem vorgegebenen Sollwert, der die Sicherheitsfaktoren bis zum Erreichen der Standardbelastung berücksichtigt.

1.1.1 Trägertypen

1.1.1.1 Papier
Der Papierträger wird beidseitig mit einem Kleberauftrag versehen, wobei das Auftragsgewicht in diesem Bereich eher auf niedrigem Niveau liegt. (Dünne Kleberbeschichtung 80g/m² pro Seite entspricht in etwa 80 µm pro Seite)
Vorteile: glatt oder gekreppt, unterschiedlich dehnfähig.

1.1.1.2 Vlies
Wie auch beim Papier werden die Vliesträger mit dünnen Kleberschichten versehen und können deshalb auch nur bei möglichst glattem und ebenem Untergrund zum Einsatz kommen. Typischer Einsatzfall (Werbemappen)
Vorteile: Temperaturbeständig, anpassungsfähig

1.1.1.3 Gewebe
Das Gewebe dient als Träger für dicke Schichten Klebstoff und kommt häufig bei Anwendungen im Baubereich (Teppichklebeband) aber auch zur Verklebung von Dämmmatten im KFZ-Bereich zum Einsatz.
Vorteile: Reißfest, flexibel

1.1.1.4 Gelege
Bei noch größerem Auftragsgewicht, in dem der Träger nur dazu dient den Klebstoff zu handhaben wird ein sehr offenes Gelege aus verschiedensten Materialien zum Einsatz gebracht.

Vorteile: Reißfest, flexibel, meist stabiler als Gewebe

1.1.1.5 Kunststoff-Folie

Hier sind die PP-, PE-, PET- und PVC-Folien besonders stark im Einsatz. Alle haben unterschiedliche Materialcharakteristiken und sind dementsprechend auch bei der Beschichtung mit dem Kleberfilm unterschiedlich zu handhaben.
Vorteile:
Weich-PVC flexibel, gute Isoliereigenschaften
Hart-PVC UV- und Feuchtigkeitsbeständig
PET Reiß- und Abriebsfest,
  Formstabil, Alterungs- und Temperaturbeständig
PP elastisch, reißfest, Feuchtigkeitsbeständig
PE dehnbar
PA hohe Temperaturbeständigkeit

1.1.1.6 Metall-Folien

Metallfolien werden im Dekorativen Bereich oder aber häufig im elektrischen oder Elektronischen Bereich eingesetzt. (Cu, Au). Im Baubereich und zur thermischen Isolation kommen immer wieder Aluminium bzw. Aluminium PE-beschichtet zum Einsatz. (Nicht direkt für Montagezwecke, da nur einseitig klebend)
Schaum
Der Schaum als Trägermaterial spielt eine besondere Rolle, da er durch seine absorbierende Eigenschaften Oberflächenunebenheiten kompensieren kann und bei besonders hochwertigen Ausführungen aus Acrylatschaum sogar imstande ist, dauerhaft Schubspannungen an Fahrzeugbauteilen auszugleichen. Wie in etwa

bei einem Zierstab aus Kunststoff auf einer Metallkarosserie.

 Auf dieser Seite sehen Sie auf dem Bild deutlich die Unterschiede von Schaumqualitäten.

 Diese spiegeln sich allerdings auch im Preis wieder. Wodurch deutlich wird, dass Sie sorgfältige Überlegungen zum Materialeinsatz durchführen müssen. Kleinere Flächen aus gleichartigen zu verklebenden Substraten können häufig mit einem preiswerteren PE-Schaum verklebt werden.

Abb: Zeigt unterschiedliche Schaumtypen: Links Acrylatschaum, rechts PE-Schaum der bei der dauerhaften Zugspannung durch Spaltung (Kohäsionsbruch) und Ablösung (Adhäsion) versagt hat.

1.1.1.7 Trägerlose Klebebänder

Ein Klebeband ohne Trägermaterial hat den Vorteil, dass es sich optimal der zu verklebenden

Oberfläche anpasst. Dies wird insbesondere dann interessant, wenn die Oberflächen zueinander nicht die optimale Ausrichtung haben, bzw. Oberflächenunebenheiten eine gute Kontaktfläche reduzieren. Natürlich wird hierzu eine entsprechende Materialdicke benötigt. Allerdings ist die Verarbeitung des Produktes recht schwierig, da es nur durch die Abdeckung in Form gehalten wird. Zusätzlich haben diese Produkte gegenüber einem Acrylatschaum geringere Fähigkeiten Schubspannungen zwischen den Bauteilen abzubauen und häufig eine geringere Fähigkeit Kohäsionskräfte zu übertragen.

1.1.2 Klebertypen (Haftklebstoffe)

 Alle Aussagen zu den Klebertypen sind als das Aufzeigen von Tendenzen zu verstehen! Natürlich gibt es in vielen Produkten durch den Hersteller durchgeführte Modifikationen, welche gezielt zu einer Veränderung der Eigenschaften genutzt wurden.

1.1.2.1 Kautschukkleber

Der in der Natur gewonnene Naturkautschuk und Harz war die erste Wahl bei den Klebstoffen, welche bereits bei den Indianern Anwendung fand. Durch die wachsenden Bedarfe wurde die nur begrenzte Gewinnung zu einem Engpass, welcher zu dem hinzufügen von weiteren Komponenten führte. Heute werden aus diesem Grund und der technischen Weiterentwicklung der Produkte fast nur noch Mischprodukte eingesetzt. Der Kautschukkleber ist nur begrenzt haltbar und verändert sich zumeist sehr stark bei UV-Einstrahlung.

Legen Sie einmal eine Rolle Malerkrepp für den Innenbereich einige Tage auf die Fensterbank und stellen Sie fest wie der Kleber sich verändert hat. Auch beliebt ist die Verklebung auf eine Glasscheibe (Kleber ins Sonnenlicht)

 Aber Vorsicht! -> Die Kleberrückstände auf der Glasscheibe lassen sich nur sehr schwer entfernen!

In der modifizierten Variante Malerkrepp für den Außenbereich werden dann z.B. modifizierte Kautschukklebstoffe oder andere Klebstoffe wie Acrylatvarianten eingesetzt, damit die UV-Stabilität erhöht wird.

1.1.2.2 Heißschmelzklebstoffe (Hotmelt)

Wie der Name es vermuten lässt, werden diese Klebstoffe unter Wärme flüssig. Das dient zum einen der Verarbeitung, welche im warmen Zustand durchgeführt wird, aber bietet dementsprechend auch keine dauerhafte Festigkeit unter entsprechenden klimatischen Verhältnissen. Dennoch werden Hotmelts und modifizierte Hotmelts breitflächig eingesetzt, da sie in dem vorgegebenem Leistungsspektrum eine vielfältige Anwendung finden. Angefangen bei hoher spontaner Haftkraft (dem sogenannten Tack *engl.*) und einem guten Preis-Leistungs-Verhältnis sind diese Produkte als Commodity-Produkte einsetzbar. (Commodity meint in diesem Zusammenhang die Massenware; Verwendung bei Briefverschluss, Werbebroschüren Inlays, Verschlüsse für Kunststoff-Säcke der landwirtschaftlichen Industrie wie Blumenerde und vieles mehr.)

1.1.2.3 Acrylat

Der Acrylatkleber leistet dauerhaft konstante Leistung und ist wesentlich unempfindlicher gegenüber UV-Strahlung und Witterungseinflüssen. Der Acrylatkleber hat jedoch eine festere Konsistenz als ein Kautschukkleber, dadurch kommt es zu einer geringeren Spontanhaftung (Tack *engl.*) als bei Kautschukklebern. Wenn der Verarbeitungsprozess jedoch mit dem notwendigen Anpressdruck und die anschließende Lagerung bei ausreichend hoher Temperatur (Raumtemperatur) ausgeführt wird, steigt die Klebkraft über die folgenden 72 Stunden bis auf den deutlich höheren Endwert an. Darüber hinaus sind Acrylatklebstoffe kostenintensiv in der Herstellung, da die Prozesse durch in Europa herrschende Umweltauflagen mit einer aufwändigen Prozesstechnik betrieben werden müssen. Dennoch sind die Eigenschaften der Acrylatkleber so gut, dass man sie in vielen Industriezweigen nicht mehr missen möchte.

1.1.2.3.1 Reinacrylat
Die Reinacrylate sind Temperatur-, Alterungs-, UV- und Chemikalienstabil und somit für Langzeitanwendungen in vielen Industriezweigen geeignet in denen es auf dauerhafte Verbindungen unter verschiedensten Umwelteinflüssen ankommt.

1.1.2.3.2 Dispersionsacrylat
Der Acrylatklebstoff wird mit Hilfe von wässeriger Lösung verarbeitet und ist somit umweltschonend in der Fertigung
Zeichnet sich durch Temperatur und UV-Beständigkeit aus.
Bei Einsatz in feuchter bzw. nasser Umgebung sind diese nicht dauerhaft stabil.

1.1.2.3.3 Modifizierter Acrylat auf Lösemittelbasis
Durch Zusätze individuell abgestimmt (je nach Herstellerrezeptur) für den jeweiligen

Einsatzbereich.
In der Regel gut für dauerhafte Einsätze auch in feuchter bzw. nasser Umgebung.

1.1.2.4 Silikonkautschuk

Die Silikone haben einen hohen Leistungsbereich insbesondere für Anwendungen in hohen Temperaturbereichen und sind beim Klebebandeinsatz nicht wegzudenken. Entgegen der häufig negativen Einstellung zu diesem Klebstoff (Silikone in gelöster Form verursachen Probleme bei der Lackierung, welche jedoch in Silkonkautschuk-Klebmassen auf einem PET-Folienträger gebunden sind) hat er durchaus seine Berechtigung für Hochtemperaturmaskierungen in der Galvanik oder der Pulverlackbeschichtung.

Ein kleiner geschichtlicher Hintergrund zur negativen Einstellung gegenüber Silikon bei Kunststoff-verarbeitenden Betrieben und Lackierern.
Silikone in flüchtiger/ungebundener Form wie z.B. in einigen Polituren vorkommend, verhindern die Haftung von Farbe auf dem Untergrund. Nach sogenannten „Silikonverseuchungen" mussten unter extrem hohen Aufwand Lackierstrassen der Automobilindustrie gereinigt werden. Solche Verseuchungen entstehen aber vor allem durch den unbewussten Einsatz von Trennmitteln wie z.B. als Gleitmittel in einem Getränkeautomaten, welches dafür sorgt dass die Getränkedose

*zuverlässig aus dem Automaten gespendet wird. Wenn der Lackierer sich also mal schnell seinen Durst löscht und das Silikon von der Dose an den Händen hat, dann kann es durch die flüchtigen Silikone die an den Händen in den Lackierbereich transportiert werden zu dieser Kontamination kommen. In dem einen oder anderen Werk findet man aus diesem Grund ein generelles Verbot von Silikonen.
Die gebundenen Silikone jedoch werden in vielen Bereichen eingesetzt. Sie werden als wiederverwendbare Stopfen beim Lackierprozess, als Kleber für Maskierband (Abdeckarbeiten) im Pulverbeschichtungsprozess und als Trennschicht auf sogenanntem Silikonpapier eingesetzt.*

Auch in der dauerhaften Montage finden u.a. die Silikone Ihre Anwendung. Bekannte Anwendungen sind die Klebstoffe für Küche und Sanitär als Fugendichtung, aber auch Anfasslaschen zum Entfernen der Abdeckung von Formstanzteilen.

1.1.2.5 Abdeckung

Die Klebebandabdeckung auch (Liner engl.) genannt dient dazu ein Klebeband zu fertigen und nach Fertigung in Rollenform aufzuwickeln. Dabei werden Papier- oder Folienabdeckungen eingesetzt. Die Abdeckung ist bei doppelseitigen Klebebändern beidseitig abweisend Beschichtet und je nach Klebkraft des Klebers mit einem entsprechenden Abweisgrad (die Fähigkeit auch stark haftende Klebstoffe wieder aufnehmen zu können) versehen. So ist bei doppelseitigen Klebebändern der Abweisgrad einer Abdeckung auf der einen Seite höher als auf der anderen, damit sich das Klebeband immer in derselben Weise vordefiniert abwickelt. Eine Ausnahme hierbei können Klebebänder mit unterschiedlich stark haftenden Seiten bilden. (Z.B. Teppichklebeband für Einsatz auf Ausstellungen.)

1.2 Fertigungsarten des Klebebandes

1.2.1 Klebebandrollen

Die Klebebandrolle ist das klassische Produkt über das die Montagebänder bekannt wurden. Automatisierungstechnik und Verlagerung der Herstellung von Anbauteilen zu Vorlieferanten haben dazu geführt, dass die einfache Rollenware sehr häufig durch (Formstanzteile s. 9.2.2.) ersetzt wird.
Es werden hier in der Regel 3-Zoll-Kerne aus Pappe oder Kunststoff eingesetzt und die Ware von Schmalrollen ca. 3mm bis hin zu über 1000mm Breite konfektioniert. Immer in Abhängigkeit davon welche Verarbeitung bzw. Anwendung vorgesehen ist.

Eine weitere Form sind sogenannte Kreuzspulen: schmale Klebebänder werden auf einem 6-Zoll-Kern in sich kreuzenden Lagen aufgewickelt. Diese dienen als Material für die Herstellung von Massenwaren wie z.B. Dichtungen, Kabelkanäle, Sockelleisten welche mit einem doppelseitigen Klebeband ausgerüstet werden. Somit wird die Effektivität in der Produktion vergrößert.

Tipp:
Man kann auch in Kombination mit Rollenware und einem Industriebandspender

eine sinnvolle Verarbeitung realisieren. Der Industriebandspender ist ein Gerät, welcher mittels mechanischen Antriebs über Hebel das Band auf eine definierte Länge ablängt.

Alternativ ein mit elektrischem Motor angetriebener Spender, welche in unterschiedlichsten Funktionsausprägungen angeboten werden.
Man kann z.b. eine Vorschublänge einstellen und damit rechteckige Klebebandstreifen in der gewünschten Länge erzeugen. Bei der Verarbeitung sind in den Standardgeräten Rollenbreite von ca. 6 mm bis 60 mm ein Industriestandard.
(Abweichungen sind Gerätespezifisch möglich).

Natürlich können ebenso breitere Rollenwaren verarbeitet werden, wenn man die entsprechend höhere Investition tätigen will.

Dennoch ist vorab zu prüfen, ob das von Ihnen ausgewählte Klebeband über das Gerät verarbeitet werden kann. Einige Klebebänder lassen sich nur bedingt über einen Spender verarbeiten.

1.2.2 Klebeband als Formstanzteil

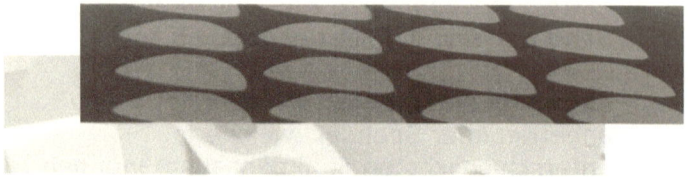

Die Formstanzteile sind vor allem bei komplexen Formteilen im Einsatz. Z.B. bei der Verklebung von Dachantennen an Fahrzeugen, Anbauteilen an die Stoßfängerinnenseite oder bei der Montage eines Mobiltelefons oder anderer elektronischer Geräte. Die Verarbeitung erfolgt von Hand, teilautomatisch bis hin zur vollautomatischen Montage. Bei der Verwendung von Formstanzteilen ist bereits **vor** der Produktion festzulegen, wie die spätere Verarbeitung erfolgen soll. Bei hoher Positioniergenauigkeit kann es sinnvoll sein, das Formstanzteil mit Positionierhilfen auszustatten, welche genau in die Verarbeitungsvorrichtung passen. Ebenso sind Fragen wie: Ist eine blasenfreie Verklebung für optische Funktionen (Regensensor u.ä.) notwendig? ... ausschlaggebend für die Materialwahl und den Verarbeitungsprozess.

 Tipp: Bei der Herstellung von Formstanzteilen für die automatische Verarbeitung sollten der Stanzbetrieb und der Automatenhersteller eng zusammenarbeiten, damit im Anschluss an die Installation ein reibungsloser Betrieb möglich ist.

Mehrfachnutzung für unterschiedliche Projekte:

💲 Es kann sich lohnen, in die Anlagenkosten etwas mehr zu investieren, um die Rüstzeiten für unterschiedliche Produkte zu minimieren oder den Einsatz von sehr verschiedenen Produkten (Klebeband als auch Bauteile) zu ermöglichen. Damit sind die Nutzungszeiten der Anlage flexibler zu gestalten und lassen sich u.U. eher rechnen als nur für ein einzelnes Projekt.

Mit der Anlagentechnik kommen weitere Vorteile wie z.B. definierter Anpressdruck, gesteuerte Haltezeiten und vergleichbare Ergebnisse dank kontrolliertem Prozeß zustande.

1.2.2.1 Geometrische Gestaltung von Formstanzteilen

Ein Formstanzteil ist in Bezug auf seine Fähigkeit schnell und einfach zu verarbeiten zu beurteilen.

a.) In Abhängigkeit vom Material werden durch den Klebebandhersteller die unterschiedlichsten Abdeckungen (Liner *engl.*) eingesetzt. Die Abdeckung sorgt dafür, dass das Klebeband bis zum Einsatz sicher gegen Verschmutzungen geschützt wird und erst am eigentlichen Einsatzort kleben bleibt. Grundsätzlich kann man hier zwischen a1.)Folien und a2) Papier unterscheiden.

Wenn die Formstanzteile mittels Stanztechnik verarbeitet werden bietet sich seitens des konfektionierenden Betriebes die Papierabdeckung an, da diese sich besser Stanzen lässt. In vielen Fällen löst sich eine Papierabdeckung vom Klebeband leichter ab als eine Folienabdeckung.

Damit bleibt dem Endkunden die Qual der Wahl in Bezug auf sichere Abdeckung gegenüber einer einfachen und leichten Verarbeitung.

a1) Folien
+ Haften sehr gut auf dem Klebeband und bieten somit einen guten Transportschutz.
+ Die Folienabdeckung ist reißfester als Papier
- Abzugsverhalten der Abdeckung beim Endanwender wird sehr subjektiv beurteilt, da jeder anders an das Ablösen der Abdeckung herangeht.

- Im Randbereich haften die Klebebänder bei einer angestanzten Anfasslasche stärker an der Abdeckung als im unbehandelten Mittelbereich. Dadurch kann es besonders bei hochwertigen weichen Klebebändern mit hoher Klebkraft als besonders negativ empfunden werden, dass eine hohe Haftung besteht, welche nur mit einem geübtem Anfangsruck in die richtige Richtung wieder gelöst werden kann.
(Doch mit ein wenig Übung bekommen Sie das sicher bald schon hin ☺)

a2) Papier
+ Papier lässt sich i.d.R. sehr einfach lösen und ist somit sehr einfach in der Verarbeitung
- Papier kann jedoch bei falscher Handhabung reißen und kann so zu Prozessstörungen führen.
- Bei ungünstigen Transportbedingungen kann sich die Abdeckung lösen und das Klebeband läuft Gefahr zu Verschmutzen oder sich an falschen Stellen mit anderen Oberflächen zu verbinden.
- es gibt Produkte, welche vom Hersteller nur mit Papierabdeckung angeboten werden.

b.) Anfasslaschen
Die Anwendungen werden immer mehr vom Zeitdruck bei der Verarbeitung bestimmt, so dass die Verarbeitung des Klebebandes sehr leicht und schnell zu funktionieren hat.
Damit dies zuverlässig Durchführbar ist, werden immer öfter an die Abdeckung Laschen angebracht, welche dem Endanwender genau dies ermöglichen sollen.
Allerdings kommt es gerade bei diesem Detail auf die richtige Position der Anfasslaschen an und in welcher Weise sie ausgeführt werden.
Auch hier kann man wieder 2 Varianten unterscheiden.

b1.) Die aus dem Linermaterial geformte Anfasslasche,
bedeutet eine aufwändige Fertigung und mehr Materialverbrauch -> Kosten
Dennoch ist diese Variante in Bezug auf die Prozesssicherheit zu bewerten und bietet den Vorteil bei kritischen Klebebandabdeckungen eine höhere Funktionssicherheit als bei aufgeklebten Anfasslaschen.

b2.) Eine nachträglich aufgeklebte Anfasslasche,
bedeutet eine vereinfachte Fertigung, welche jedoch Ihren Engpass durch das nachträgliche Aufkleben der Anfasslasche erfährt. Bei einigen Abdeckmaterialien lässt sich eine aufgeklebte Anfasslasche nicht sicher Verkleben und es kommt

noch mehr auf die Fingerfertigkeit des Mitarbeiters bei der Montage an. Da dies aber immer einem subjektivem Urteil unterliegt, sollte im Zweifelsfall eher auf die Variante b1.) zurückgegriffen werden.

b3.) Bei beiden muss ich zusätzlich noch die richtige Position am Klebestanzteil ermitteln. Grundsätzlich eignen sich in den meisten Fällen spitze Ecken für ein leichtes Ablösen der Abdeckung. Wird hingegen die Anfasslasche auf einer langen Geraden oder einer weichen Kurve positioniert, so kann es im Extremfall dazu kommen, dass die Anfasslasche abreißt bzw. das Klebeband von dem Bauteil wieder ablöst oder stark gedehnt wird. Dies kann besonders bei optisch relevanten Verklebungen (wie einer Verklebung auf Glas) kritisch sein.

2 Oberflächen

Oberflächenrauigkeit

In den folgenden Bildern sind die Darstellungen stark vereinfacht worden. Hier wird der Fokus auf die Beschaffenheit des Untergrunds gelegt. Anstatt der Folie können natürlich auch andere Trägerwerkstoffe zum Einsatz kommen. Bei einem trägerlosen Produkt stellt die Folie die Abdeckung dar, welche natürlich auch aus Papier bestehen kann.

glatte Oberfläche = dünner Kleber kann zum Einsatz kommen
(Ausnahmen sind große Flächen mit hohen Schubspannungen durch unterschiedliche Wärmeausdehnung, wie z.B. Exterieur Anbauteile am KFZ:Zierleisten, Teppichleisten etc.)

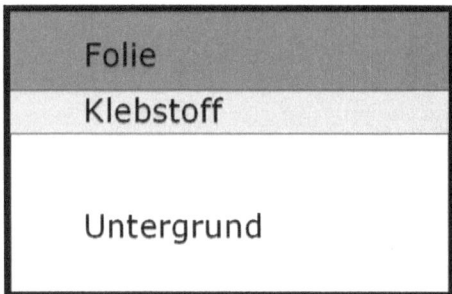

raue Oberfläche = dicker Kleberauftrag muss zum Einsatz kommen, um die Toleranzen auszugleichen

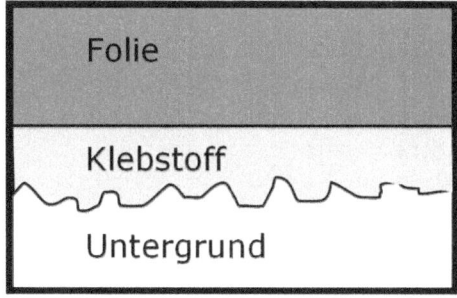

Eine aufgeraute Oberfläche bietet mehr Kontaktfläche als eine polierte Oberfläche!

2.1 Oberflächenenergie

2.1.1 Messung der Oberflächenenergie
Die Oberflächenenergie wird in dyn/cm gemessen. Sie indiziert einen messbaren Wert für die Beurteilung einer Oberfläche.

Bei einem Wert kleiner 38 dyn/cm spricht man von niedriger Oberflächenenergie. Bei einem Wert ab 38 dyn/cm ist man bei hoher Oberflächenenergie.

2.1.2 Wassertropfentest
Ein in der Anwendung einfacher Test ist, einen Wassertropfen auf die zu verklebende Oberfläche zu träufeln und durch seine Formgebung die Ableitung der Oberflächenenergie tendenziell durchzuführen.

Niedrige Oberflächenenergie

Bleibt der Tropfen stark in seiner Ursprungsform erhalten bzw. es bilden sich steile Flanken (ähnlich der Abbildung) so hat man eine schlecht zu verklebende Oberfläche. Man spricht auch von niedriger Oberflächenenergie. (z.B. eine Antihaft beschichtete Bratpfanne)

Material	Kurz-bezeichnung	Handels name	Oberflächen-spannung [dyn/cm]
Polytetrafluor-ethylen	PTFE	Teflon	18
Silikon	Si	Silastic	24
Polyvinylfluorid	PVF	Kynar	25
Naturkautschuk	-	-	25
Polypropylen	PP	Marlex	29
Polyethylen	PE, LDPE, HDPE	Dylan	31
Polybutylene terephthalate	PBT	Celanex	32
Polyamid	PA	Nylon	<36
Acryl	PMMA	Elvax	<36
Epoxy	EP	Araldite	<36
Polyacetal	POM	Delrin	<36

Abb.: Beispiele für niedrige Oberflächenenergie finden Sie in oben aufgeführter Tabelle nach ansteigender Oberflächenenergie sortiert.

Hohe Oberflächenenergie

Bei einem verlaufenden Tropfen (Abbildung oben) bilden sich flache Flanken. Hier spricht man von hoher Oberflächenenergie. Folgend einige Beispiele für hohe Oberflächenenergie.

Material	Kurz-bezeich-nung	Handels name	Oberflächen-spannung [dyn/cm]
Polystyrol	PS	Styron	38
PS-Phenoloxid	PSPO	Noryl	38
Polyvinyl-chlorid	PVC	Geon	39
Vinyliden-chlorid	VC	Saran	40
Polyester	PET	Mylar	41
Polyimid	PI	Kapton	41
Polyarylsulfon	PAS	Radel	41
Phenolharz	-	Bakelite	42
Polyurethan	PUR	Estane	43
Polycarbonat	PC	Lexan	46
Blei	PB	-	450
Aluminium	Al	-	840
Kupfer	Cu	-	1100

Abb.: Beispiele für hohe Oberflächenenergie finden Sie in oben aufgeführter Tabelle nach ansteigender Oberflächenenergie sortiert.

2.2.3 Prüftinte

Ein weiterer Test ist mit Prüftinte möglich. Die Tinte ist in verschiedene Oberflächenspannungsgruppen eingeteilt und wird mittels Pinsel oder Tintenstift aufgetragen.

Bleibt die Tinte **>3 s** flächig auf der Oberfläche haften, so ist die Oberflächenspannung gleich oder höher dem Prüfstift. Zieht sich der Pinselstrich dagegen binnen 3 Sekunden zusammen, ist die Oberflächenspannung der geprüften Oberfläche kleiner als die der Prüftinte.
So kann man sich mit verschiedenen Stiften an die eigentliche Oberflächenspannung herantasten. Dies wird vor allem bei Kunststoffen praktiziert, da die Kunststoff-Produkte mit den unterschiedlichsten Substraten stark verändert werden.

Ebenso werden Verunreigungen von Oberflächen (Öl, Fett etc. auf diesem Wege ermittelt)

2.2 Oberflächenarten – Vorbehandlung

Je nach Oberflächentyp sind die verschiedenen Punkte zu beachten:
Kunststoffe können unterschiedlich vorbehandelt werden, wenn sie mit einer geringen

Oberflächenenergie oder auch als niederenergetische Oberflächen definiert werden.
Primern, Coroner, Beflammen etc. *(s. Kapitel 3)*

Glas: Da Glas hydrophob ist, wird von ihm immer Wasser angezogen. Das gilt im Besonderen bei der Verarbeitung aber auch später nach dem Einbau. Der sich bildende Feuchtigkeitsfilm kann bei gefrieren zum Ablösen des Klebebandes führen. Generell bei allen zu verklebenden Bauteilen, sollten diese bei der Verklebung auf Zimmertemperatur sein, um Kondensatbildung zu verhindern. Bei Bildung von Kondensaten auf der Oberfläche wird die Feuchtigkeit beim Verkleben eingeschlossen und die Kontaktfläche wird reduziert.

 Das heißt also, Ware die draußen gelagert wird sollte über mindestens 48 Stunden auf Raumtemperatur konditioniert werden.

Holz, Mauerwerk, Beton und weitere Materialien die raue Oberflächen aufweisen sind vorzubehandeln (Versiegeln, Grundieren), damit die poröse Oberfläche verfestigt und somit die Schwachstelle in der Verklebung verbessert wird.

Metalle haben generell eine hohe Oberflächenenergie. Dennoch sind häufig durch die Verarbeitung (Fräsen, Drehen, Bohren etc) Verunreinigung durch Öl, Emulsionen, Fett und Staub vorhanden und müssen mit den richtigen Mitteln beseitigt werden. Metalle wie Messing und Kupfer müssen evtl. generell vorbehandelt oder mit einer Schutzschicht überzogen werden, um ein Anlaufen (Verfärbung) des Metalls durch chemische Reaktionen zu verhindern.

2.3 Oberflächengröße

Die Oberflächengröße nimmt auch Einfluss auf die Gestaltung der Verklebungsfläche und die Auswahl des Klebebandes.

2.3.1 Klein (z.B. Mikrofon am Mobiltelefon, Emblem an einem PKW-Schlüssel)
Hier können dünne Transferklebebänder zum Einsatz kommen, da die Relativbewegungen zwischen den Bauteilen nur klein sind.

Tipp: Bei kleinen Flächen wird oftmals eine ganzflächige Verklebung durchgeführt, damit die Kontaktfläche groß genug ist.

2.3.2 Mittel (z.B. PKW: Parksensoren, Scheinwerferreinigungsanlage, Embleme und Schriftzüge an Fahrzeugen, Blenden)
Dünne Schäume bis zu ca. 1 mm aus verschiedenen Trägermaterialien werden zum Ausgleich von Oberflächentoleranzen und den dynamischen Belastungen eingesetzt.

Tipp: Bei mittelgroßen bis großen Flächen muss man prüfen, ob durch eine vollflächige Klebebandaufbringung oder durch eine teilweise Klebebandaufbringung z.B. am Rand des Bauteiles eine bessere Verklebungsqualität entsteht. Die Konturparallelität von den zu verklebenden Bauteilen kann schon mal etwas größer abweichen, als das Klebeband in der Lage ist diese Differenzen auszugleichen. Dadurch kann es vorkommen, dass in diesem Falle weniger Klebeband mehr Kontaktfläche bedeutet. Ebenso wird dadurch vermieden, dass eingeschlossene Luftblasen eine ständige Belastung der Verbindung darstellen können. Eine Luftblase dehnt sich unter Wärmeeinfluss aus und löst dabei u.U. größere Bereiche der Kontaktfläche. Dies lässt sich über die in Kapitel 5. genannten Prüfmethoden nachvollziehen und sollte unbedingt auch geprüft werden.

2.3.3 Groß (Radlaufblende, Zierleisten, ...) Verarbeitungshinweise bei Montagebändern

Tendenziell werden hier dickere Schäume >1 mm zum Einsatz gebracht um die großen Schubspannungen durch Temperaturwechsel, sowie die großen Bauteiltoleranzen auszugleichen.

 Tipp: Bei großen Bauteilen wird i.d.R. nur teilweise verklebt, da eine vollflächige Verklebung sehr teuer wird und ebenso die Thematik „Weniger ist mehr!" von 2.4.2 auftritt. Bei längeren Leisten werden zur besseren Verarbeitung an den Enden Formstanzteile aufgebracht und dazwischen mit schmalem Rollenmaterial gearbeitet. Dennoch sollte in den Bereichen des Klebebandes dann eine vollflächige Verklebung existieren und nicht nur auf Stegen gearbeitet werden, ansonsten wird aus „Weniger ist mehr!" zu wenig.

3 Die *richtige* Verarbeitung ist stark abhängig von der Oberflächenbeschaffenheit der zu verklebenden Substrate

3.1 Sauberkeit der Oberflächen
Zum Erzielen optimaler Klebeergebnisse müssen die zu verklebenden Oberflächen frei von Verschmutzungen wie z.B. Öl, Staub und Trennmitteln sein. Ebenso muss die Oberfläche trocken sein.

Reinigung der Oberflächen
Als Reinigungsmittel kann je nach Verschmutzung ein anderes Reinigungssystem zum Einsatz kommen:
Zur Reinigung verschmutzter Teile gezielt mit Industriereiniger oder speziellem Kleberresteentferner einsprühen, einwirken lassen; mit sauberem, fusselfreien Tuch abwischen. Oberfläche muss bei Verklebung trocken sein.

Standard (Staub, Fingerabdrücke etc.):

 # Isopropanol/Wasser 50/50
Ölige, trennmittelhaltige Oberflächen:
 # MEK (Methyl ethyl ketone)
Wachsrückstände:
 # Waschbenzin
Reinigung von Gummi/EPDM:
 # Heptan; Klebstoffreiniger

Die Eignung der vorgenannten Lösemittel ist

grundsätzlich abhängig von den zu reinigenden Werkstoffen. Besonders bei Kunststoffen ist ein Anlösen der Oberfläche möglich. Darum prüfen Sie vorher immer auf Verträglich der Reinigungsmittel an einer unauffälligen Stelle.
Glänzende Kunststoffoberflächen (z.B. Windschild beim Motorrad) können blind werden oder sogar verspröden..

Beim Umgang mit Lösemitteln und Chemikalien sind unbedingt die Sicherheitsvorschriften der Hersteller zu beachten. Insbesondere kann es erforderlich werden, dass der Mitarbeiter eine persönliche Schutzausrüstung benötigt. (Hautschutz, Atemschutz)

Die gereinigten Oberflächen sind schnell zu verkleben, um eine erneute Verschmutzung durch (Staub, weiteres Handling) zu vermeiden.
Wichtig: *Dennoch müssen die Reinigungsmittel zuvor abgelüftet sein!*

3.2 Mechanische Vorbehandlung der Oberflächen

Konnte mit den vorab aufgeführten Reinigungsmitteln keine klebefreundliche Oberfläche geschaffen werden, z.B. bei Oxiden, Trennmitteln oder speziellen pulverlackierten Materialien, sollte ein leichtes Anschleifen mit einem feinen Schleifmittel erfolgen.
Vor dem Anschleifen der Oberflächen mit

*einem der vorgenannten Reinigungsmittel
säubern.
Nach dem Anschleifen wird der Schleifstaub
mit einem Gemisch aus Isopropanol/Wasser
im Mischungsverhältnis 50/50 entfernt.*

3.3 Oberflächenvorbehandlung von niederenergetischen Oberflächen (<36 dyn/cm)

Wie wir in Kapitel 2 festgestellt haben, sind einige Oberflächen mit hoher Oberflächenenergie recht einfach zu handhaben. Bei den niederenergetischen Oberflächen jedoch sind weitere Schritte erforderlich, um eine ausreichend hohe Haftung zu erzielen.

Im nachfolgenden finden Sie verschiedene Möglichkeiten die Oberflächen für eine Verklebung vorzubereiten.

3.3.1 Primer (Haftvermittler)

Ein sogenannter Primer erlaubt eine Vorbehandlung, welche mittels Kunststoffflasche mit einem Filzkopf durchgeführt wird. Diese Verarbeitungsform gewährleistet einen gleichbleibend dünnen Auftragsfilm. Warum ein dünner Auftragsfilm? Wenn Sie einen zu dicken Film wählen erhöht sich zum einen die Trocknungszeit was den Verarbeitungsprozess beeinflusst und zum anderen kann es bei einem dicken Auftrag zu einem Bruch in der Primerschicht führen, wenn später Biegebeanspruchungen auftreten. Hier gibt es im Handel Standardsortimente, wie z.B. auch bei **tapetec4you.com** . Der Primer greift chemisch die Oberfläche des niederenergetischen Kunststoffes an und bildet einen hervorragende Haftuntergrund für den Kleber.

ACHTUNG: Nicht jede Oberfläche kann mit dem gleichen Primersystem behandelt werden. Ein Primer muss nach dem Auftragen gut ablüften und sollte anschließend direkt verklebt werden. Zulässige offene Zeiten sind in den technischen Datenblättern der Hersteller zu finden.

Wichtig: Wenn die offenen Zeiten des Primers überschritten werden, ist die Funktion des Primers nicht mehr gegeben!
Beim Umgang mit Lösemitteln und Chemikalien sind unbedingt die Sicherheitsvorschriften der Hersteller zu beachten. Bei der Verarbeitung des Primers sind Absauganlagen und persönliche Schutzausrüstung einzusetzen.

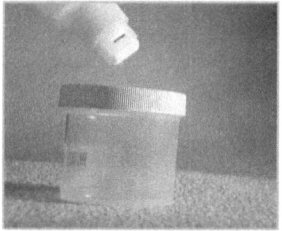 

Abb.: *Das geeignete Werkzeug hierzu ist z.B. ein Spendersystem aus Kunststoffflasche mit Filzkopf und Dockingstation. Diese gibt es in unterschiedlichen Ausführungen. Der Filzkopf ist **alle 2-3 Tage zu erneuern**. In der Dockingstation ist bis zur gekennzeichneten Markierung der Primer einzufüllen.*

Dieser verhindert in Verbindung mit der über Kopf eingestellten Flasche das Austrocknen des Filzkopfes und gewährleistet damit einen gleichmäßigen Auftrag.

In den Herstellerangaben sind i.d.R. auch Richtwerte für Verarbeitungszeiten für das Ablüften des Primers aber auch für die anschließende max. offene Zeit gegeben! Darauf sind natürlich die Prozessschritte und Zeiten abzustimmen. Ein besonderer Fall: Glas ist ein hydrophober Werkstoff (Bindet Wasser) welches dann an der Oberfläche angelagert ist. Damit das Glas bei der Verarbeitung auch sicher von dem Klebeband benetzt werden kann ist es vorher immer mit einem Primer zu behandeln. Dieser sorgt dafür, dass beim Verkleben keine Feuchtigkeit unter dem Klebeband eingeschlossen wird, welche die Verklebungsqualität beeinträchtigt. Außerdem wird auf Dauer das unterwandern von Feuchtigkeit verhindert.

3.3.2 Beflammen

Das Beflammen ist auch ein gängiges Verfahren in der Vorbehandlung von Kunststoffoberflächen. Bei den heutigen Anbauteilen an Kraftfahrzeugen kann es sich z.B. um PP-EPDM mit 20% Talcum handeln. Dieser Kunststoff wird vor dem Lackieren mit Flammen vorbehandelt, um die Oberfläche aufzurauen, und damit eine bessere Haftung zu erzielen. (z.B. KFZ-Stoßfänger) Dieses Verfahren kann aber auch genauso für die Vorbereitung von Klebeverbindungen eingesetzt werden. Man benötigt dafür am sinnvollsten eine Vorrichtung (Anlagentechnik), in der die Bauteile in gleichbleibender Geschwindigkeit über die

Gasflamme geführt werden. Eine zu lange Verweilzeit kann das Bauteil zerstören, eine zu kurze Verweilzeit führt nicht zum gewünschten Ergebnis (Aufrauen der Oberfläche). Bei kleinen, dünnen Bauteilen kann die eingebrachte Wärmeenergie dazu führen, dass Verformungen durch Spannungsveränderungen entstehen oder Kanten weggeschmolzen werden. Deshalb ist eine eingehende Vorprüfung zur Eignung des Verfahrens erforderlich.

§ Für dieses Verfahren werden natürlich Anlagenkosten erforderlich und es entstehen laufende Kosten für das Gas und die Wartung der Anlage.

3.3.3 Corona und Plasma

Parallel zum Beflammen existiert auch noch die Vorbehandlung mit elektronischen Anlagen.

§ Bei diesen Verfahren werden Investitionen für die Anlagentechnik erforderlich und die laufenden Kosten durch den Energieverbrauch sind zu berücksichtigen.

3.3.3.1 Coronabehandlung findet hauptsächlich Anwendung in der Vorbehandlung von Folien, welche nach der Behandlung mit Klebstoffen oder Farbe beschichtet werden sollen. Das Corona-Verfahren in Kurzform: Die Folienbahn wird im Durchlauf einer elektrischen Hochspannungsentladung ausgesetzt und dabei wird folgender Effekt erzielt:

Die Oberflächenspannung (Dynung) wird auf 38 bis 44 mN/m erhöht, welche jedoch relativ rasch wieder abnimmt. Somit ist die Lagerfähigkeit solcher vorbehandelten Folien begrenzt. Nach ca. 4 Wochen kann man eine Reduzierung um 10% feststellen.

3.3.3.2 Plasma-Aktivierung

Mit Hilfe eines kalten Plasmas werden Radikalstellen an der Oberfläche des Substrates gebildet; die Oberflächenspannung (Dynung) nimmt dabei zu. Damit verbessert sich die Haftfähigkeit der Oberfläche für z.B. Klebstoffe oder Lacke. Das Plasmagerät kann von einer einfachen Handpistole bis hin zur kompletten Anlagentechnik ausgelegt werden.

Tipp:
Sollten die Vorbehandlungen mit den o.g. Methoden noch nicht zum gewünschten Erfolg führen, ist es u.U. notwendig vorab noch eine mechanische Vorbehandlung (3.2) durchzuführen.

3.4 *Geometrie*

Die zu verklebenden Oberflächen benötigen eine ausreichend große Fläche zur Übertragung der von außen einwirkenden Kräfte. Diese kann theoretisch über die verschiedenen Belastungsfälle und den Angaben des Herstellers zu Klebkraftwerten ermittelt werden.

Tipp: Dabei ist zu beachten, dass die Hersteller die Werte nach Norm auf polierten Stahlblechen angeben und somit die Basis für Ihre Anwendung durch die eingesetzten Substrate eine ganz andere ist. Zusätzlich kommt es auch noch auf die Konturparallelität der zu fügenden Bauteile an. (s. auch Kapitel 5. Prüfung der Verarbeitungsqualität)

3.5 Faktoren die den Verklebungsprozess beeinflussen

Die Faktoren **Temperatur, Zeit und Anpressdruck** beeinflussen sich gegenseitig und können bewusst eingesetzt werden, um die gegebenen Umwelteinflüsse, Bauteileinflüsse oder Zeitknappheit positiv zu verändern.

 Tipp: Betrachten Sie diesen Prozess wie ein Tortendiagramm mit 3 Feldern.
Wenn ein Feld kleiner wird müssen 1 oder 2 andere Werte sich vergrößern.

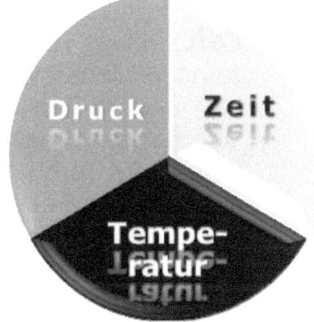

3.5.1 Temperatur

Die zu verklebende Bauteile sollten bei dem Prozess auf Raumtemperatur sein. Denken Sie daran, dass oftmals ein Bauteil über Stunden bis hin zu 48 Stunden noch nicht die allgemeine Raumtemperatur angenommen haben kann, wenn es vorher extrem kühl gelagert wurde. Das gleiche gilt für das Klebeband. Bei den Bauteilen und dem Klebband kann es außerdem zur Kondensationsbildung führen, wenn sie im Winter von einer Außenlagerung in die Fertigung geholt werden. Wodurch eine Verklebung im scheinbar trockenen Zustand doch auf einem Feuchtigkeitsfilm durchgeführt wird. Das Ergebnis ist, es werden Feuchtigkeitspartikel eingeschlossen, und die Klebefläche minimiert. Im Zweifelsfall kann es zum Versagen der Klebeverbindung führen.
Außerdem werden die viskoelastischen Fließeigenschaften des Klebers negativ beeinträchtigt. Die Oberflächenbenetzung findet nur sehr langsam statt. Damit wird die endgültige Klebkraft nur verzögert erreicht.

3.5.2 Zeit

Je nach Klebersystem (hart oder weich) wird eine andere Zeit zur maximalen Oberflächenbenetzung benötigt. Erhöhe ich jedoch die Temperatur und wenn möglich auch den Anpressdruck, so kann ich die benötigte Zeit minimieren.

Verklebungsdauer bei Acrylatklebern
Ausgehend von einer Zimmertemperatur von 21°C werden nach 20 Minuten etwa 50% der Klebkraft erreicht. Die vollständige Klebkraft wird nach ca. 72 h erreicht, da dann der Acrylatkleber die u.U. rauhe Oberfläche komplett benetzt hat. Hohe Endklebkraft.

Verklebungsdauer bei Kautschukklebern
Ausgehend von einer Zimmertemperatur von 21°C werden nach 2 Stunden etwa 100% der Klebkraft häufig erreicht. Spontan belastbar. Da jedoch die meisten Kautschukklebmassen unterschiedliche Zusammensetzungen aufweisen ist auch hier eine Prüfung der Klebkraftzunahme dem Zeitverlauf folgend anzuraten.

Verklebungsdauer bei Silikonklebern
Ausgehend von einer Zimmertemperatur von 21°C werden nach 24 Stunden etwa 100% der Klebkraft erreicht. Hohe Temperaturbeständigkeit. Wird unter Einsatz von Wärmezufuhr schneller verbacken.

3.5.3 Anpressdruck
Ein hoher Anpressdruck von ca. 10 -50 N/cm² über 5-10 s ist ein guter Daumenwert, bei dem man in vielen Fällen die Anwendung auf den richtigen Weg bringt.

 Tipp: Dennoch kann es vorkommen, dass die zu verarbeitenden Bauteile diesem Druck gar nicht standhalten. (z.B. ein Zierstab auf einer

Autotür) Damit Sie dennoch gesicherte Prozessparameter erhalten, können Sie stattdessen im Vorfeld die Temperatur der Fahrzeugtür und evtl. die Klebebandtemperatur auf ca. 40°C erhöhen. Damit wird der Kleber flexibler und der Prozess stabiler. Um den Anpressdruck immer flächig aufzubringen, sollte man sich um eine sinnvolle Prozesstechnik kümmern. Hierzu gibt es bereits einige Anbieter am Markt.

Bei großen Bauteilen kann man u.a. auch eine von Hand geführte Anpressrolle verwenden.

Diese ist im Idealfall mit einer Drehsperre ausgerüstet, welche die Rolle erst bei einem zuvor eingestellten Anpressruck freigibt. Damit wird sichergestellt, dass der notwendige Anpressdruck ausgeübt wird.

 Tipp: Vorteil bei diesem Verfahren ist, dass man nur eine punktuelle Kraft ausübt, welche auch bei dünnwandigen Bauteilen ohne bleibende Eindrücke einsetzbar ist.

3.6 Automatisierungs-Beispiele
Beispiel 1:

Klebepad-Setzeinheit

Hier werden vorgestanzte Formteile aus doppelseitig klebendem Acrylatschaum verarbeitet. Dabei ist das Stanzteil auf einem Papierträger und mit der Originalfolienabdeckung abgedeckt. Die Herstellung der Formstanzteile wird vorgelagert bei einem Converter durchgeführt. Sie können sich vorstellen, dass die Abstimmung zwischen Endkunde, Maschinenbauer und dem Converter ein wichtiger Bestandteil im Planungsprozess ist. Aus meiner Sicht ist es sinnvoll, wenn für Sie nur ein Planungspartner relevant ist, welcher Klebetechnik und Anlagentechnik als Komplettpaket organisiert.

Beispiel 2:

Linear-Klebemodul:

Bei diesem Beispiel wird das Klebeband als Kreuzspule vorkonfektioniert und in der Anlage durch die spezielle Steuerungstechnik spannungsfrei verarbeitet. Dabei wird die zweite Abdeckung vom Klebeband getrennt und aufgewickelt. Nach Verklebung wird ein Endbeschnitt durchgeführt. Es ist wichtig, dass das Klebeband ohne Vordehnung auf die Bauteile aufgebracht wird, damit eine dauerhafte Schubspannung zwischen Bauteil und Klebeband nicht auftreten kann, ansonsten könnte die Verbindung auf Dauer durch Abschälen versagen. In dieser Anlage wird das Klebeband als gerader Streifen auf dem Endprodukt benötigt, aus diesem Grund war eine Lineareinheit realisierbar.

Beispiel 3:

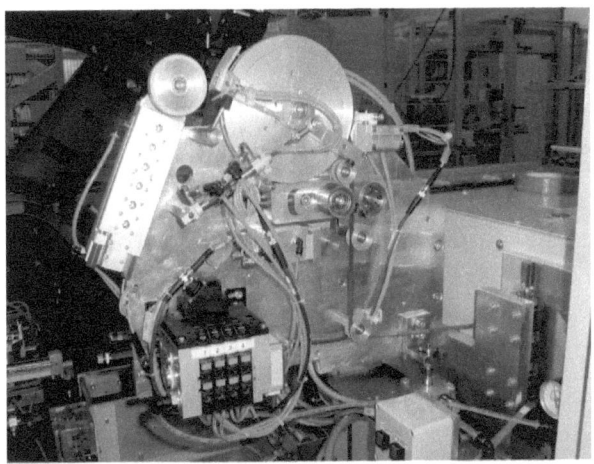

Bei dieser Anlage wird Rollenware (auch Tellerrollen genannt) verarbeitet. Auch hierbei ist es wichtig, dass das Klebeband ohne Dehnung aufgebracht wird.

In allen automatisierten Verfahren ist es einfach möglich eine erhöhte Prozesskontrolle durchzuführen. Ich kann für eine definierte Verarbeitung in Bezug auf Zeit, Druck und Temperatur sorgen und kann somit den Prozess optimal gestalten. Als Voraussetzung für den Einsatz ist natürlich eine entsprechend hohe Stückzahl von Gleichteilen notwendig, um die Anlagenkosten amortisieren zu können.

4 Prüfung der Verklebungsqualität bei dem Verarbeitungsprozess

4.1 Tuschieren

Bild 1

Bild 2

In den oben dargestellten Bildern sehen sie die Prüfung der Oberflächenparallelität mittels Tuschieren. Hierzu kann ein handelsüblicher Boardmarker (Filzfaserstift mit wieder lösbarer Tinte) verwendet werden. Die Tinte wird auf die zu fügende Seite des größeren Bauteiles aufgetragen (Bild 1) und das zweite Bauteil mit dem offenen Kleber wird im Erstversuch und später im standardisierten Prozess gefügt. Danach kann man das Bauteil einfach wieder abnehmen und durch den mehr oder weniger großen Tintenübertrag erkennen, wie viel Klebeflächenanteile man erreicht (Bild2). Ziel sollte ein Flächenanteil von > 90% sein. Das Klebeband kann man nach der Prüfung entsorgen.

 Tipp: Wenn man sich bewusst darüber ist, dass die Bauteile großen Toleranzen unterliegen und somit die Wahrscheinlichkeit besteht, dass eine zu geringe Klebfläche entsteht, dann sind folgende Schritte denkbar: Eines der Bauteile (wenn möglich) flexibler zu gestalten u./o. einen hoch viskoses Klebeband mit doppelt so großer Dicke gegenüber den Werten der Konturabweichungen zu verwenden, damit dieses die Toleranzen ausgleichen kann.

4.2 Anpressdruckprüfgeräte mit Hilfe von druckempfindlichen Folien

Die druckempfindlichen Folien können in Standardformen oder aber in der für Sie relevanten Form hergestellt werden. Das Verfahren ermittelt elektronische Impulse, welche anschließend über einen Computer erfasst und ausgewertet werden können. Ein einfacher Farbverlauf zeigt Ihnen, welche Anpresskräfte beim Fügen erzielt werden und ermöglicht somit eine gezielte Optimierung des Fügeprozesses.

Beispiel:

Hier sehen Sie ein Systembeispiel bestehend aus Software, Anschluß für eine Tekscan-Folie und eine integrierte Folie. Es werden mit diesem System sowohl die Belastungsspitzen als auch die Belastungsverläufe bei einer Verklebung dargestellt. Der Vorteil bei dem System ist, dass Sie sehr schnelle Ergebnisse bei der Einrichtung des Klebeprozesses als auch bei der späteren Kontzrolle des Prozesses eine gleichbleibende Qualität absichern können. Besonders geeignet ist dieses System für empfindliche Bauteile in der Elektronik, oder bei dünnen Türblechen, bei denen kein all zu großer Anpressdruck realisiert werden kann und dennoch eine gleichbleibende Qualität die Funktionalität der Baugruppe entscheidend beeinflusst.

Die Anschaffungskosten von einem solchen System befinden sich im unteren 5 stelligen Bereich und lassen sich über unterschiedliche Projekte amortisieren, da das System flexibel einsetzbar ist. Es werden vom Anbieter individuelle Pakete generiert.

Das Beispiel zeigt sehr anschaulich den Belastungsverlauf über die Zeit und die Maximalkräfte.

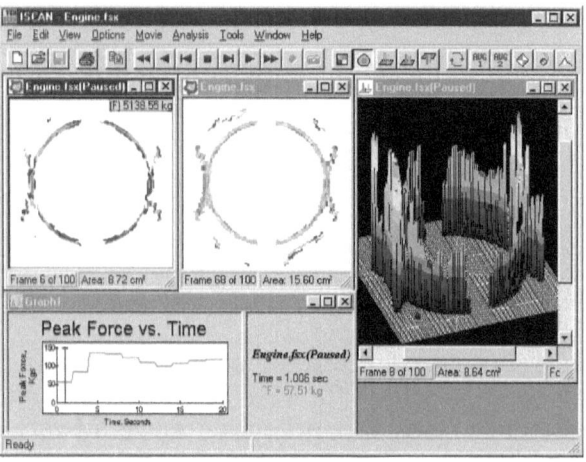

4.3 Thermoscan

Der Thermoscan kann bei der Auslegung der Klebeverbindung behilflich sein aber auch in der Serienproduktion als zerstörungsfreie Messmethode dauerhaft zum Einsatz kommen.
Mittels einer Wärmequelle z.b. Infrarotstrahler werden verklebte Bauteile einseitig angestrahlt und bei Betrachtung des Wärmeflussbildes mit einer Kamera die guten bzw. weniger guten Verklebungen anhand der unterschiedlichen Farben -> Wärmedurchfluss bei gutem bzw. nicht so gutem Kleberkontakt erfasst.
Der Wärmefluss kann auch über andere Systeme wie z.B. Ultraschall in Abhängigkeit zur Anwendung angeregt werden.

5 Prüfmethoden für Klebebänder

Da Klebebandhersteller zum einfacheren Vergleich standardisierte Werte angeben, sind hier in Kurzform einige Prüfverfahren exemplarisch dargestellt. (Änderungen vorbehalten)

5.1 *Prüfmethodik*

Da die Prüfmethoden regelmäßig überarbeitet werden, sollten Sie sich über den aktuellen Stand bei den Herausgebern informieren. Allgemeine und spezielle Vorgaben für die Prüfung von Klebebändern nach AFERA und weiteren Normen
(DIN EN 1939- 1943; 14410; 55477; TL 7510-0023) sind auch im Internet zu finden!

Allgemeine Bedingungen:
Sämtliche Prüfmethoden sind Übernahmen aus der **DIN EN**, dem Methoden- Werk der **A.F.E.R.A.** (Association des fabricants européennes des ruban autoadhésifs), bzw. dem des **PSTC** (pressure sensitive tape council).
Alle Methoden wurden daraus übernommen bzw. werden i.d.R. den internen Bedingungen angepasst. So kommt es vor, dass die scheinbar gleiche Prüfung in dem einen oder anderen Aspekt in jedem Haus geringfügig anders gehandhabt wird. Was natürlich die Prüfergebnisse nur bedingt vergleichbar sein lässt.

Akklimatisierung:

Prüfmuster sind vor Durchführung der einzelnen Prüfungen 24 h an das im Labor bestehende Normalklima in Anlehnung an DIN 50014 23 / 50-2 (23°C ±1°, 50% ±_5% rel. Luftfeuchtigkeit) zu akklimatisieren.

Vorbereiten der Prüfplatten:
Die Prüfplatte ist nach DIN EN ein üblicherweise industriell verfügbarer nicht rostender Stahl, Stahlmarke 1.4301, mit einer auf Hochglanz polierten Oberfläche.
Die Prüfplatten bzw. die Prüffläche an der Hafttafel sind mit einem fusselfreien Tuch und Lösemittel zu reinigen (Testbenzin, Aceton, Methanol, n-Heptan, Di-Aceton-Alkohol,...).

Nach der Reinigung sind die Platten 10 min. trocknen zu lassen, die Prüfflächen dürfen nicht mehr berührt werden. Durch die Verdunstung entsteht Kälte, welche dazu führt das sich Feuchtigkeit bildet. Diese soll vor der Verklebung ablüften können!

Prüfmustervorbereitung:
Von jeder zu prüfenden Rolle sind vor der Entnahme des Teststreifens mind. drei Wicklungen abzurollen. Die Tests sind an 3- 5 Prüfungsstücke je Rolle durchzuführen. Muster mit einer Breite von mehr als 24 mm (bzw. 13 mm für den Abscherwiderstand) sind auf die entsprechende Schablone zu kleben; der Teststreifen wird entlang der Innenkanten mit einem Cuttermesser ausgeschnitten. Bei Log- oder Jumbo-Ware[1] ist die Abrollrichtung zu beachten. ([1] Rollen-Abmessungen Hersteller)

Die Kleberseite der Teststreifen darf nicht berührt werden oder mit irgendwelchen Gegenständen in Berührung kommen. Das Aufkleben der Prüflinge auf die jeweiligen Prüfoberflächen (Prüfplatte, Karton, Kunststoffe je nach Testvorgabe) erfolgt durch Aufstreichen des 24 mm Streifens von einer Seite her mit Hilfe eines Rakels, um Lufteinschlüsse oder Blasen weitgehend zu vermeiden.

Bild 02: Rakel aus Kunststoff. Sind in unterschiedlichen Härtegraden verfügbar.

Anschließend erfolgt das Anrollen mit der 2 Kg-Andruckwalze in einer Geschwindigkeit von 10 mm / s. entsprechend DIN EN per Hand oder im Anrollgerät.
Jeder Teststreifen wird einzeln vorbereitet und innerhalb von 1 min. geprüft!

Durchführung der Prüfungen:
Vorgehensweise nach den jeweiligen Prüfmethoden.
Auf den Prüfaufträgen sind nach DIN EN die Höchst- und Mindestwerte mit zu protokollieren, der Wert „x quer" ist jedoch der maßgebliche Wert in Bezug auf die Sollwerte (Toleranz ± 2%).

Bei starken Schwankungen der Messwerte ist die Anzahl der Proben von drei auf fünf zu erhöhen.

5.2 Belastungsfall

5.2.1 90 Grad-Peeling

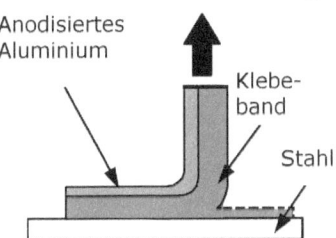

Das anodisierte Aluminium wird nur bei Schaumbändern eingesetzt, da das Dehnverhalten von einem Schaumband sonst das Messergebnis verfälschen würde.
Eine vergleichbare Belastung tritt auf, wenn ein Zierstab oder ein anderes Anbauteil in einer Waschstraße durch festhängende Bürstenhaare hochgezogen wird.

5.2.2 Statische Scherbelastung

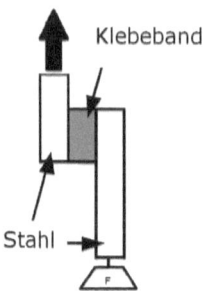

Die statische Scherbelastung zeigt das Verhalten unter dauerhafter Belastung. Wie schon erwähnt wird ein Zierstab aus Kunststoff auf der Autokarosserie verklebt permanent wechselnden Schubspannungen durch die unterschiedliche Ausdehnung bei Temperatur ausgesetzt.

Das Resultat sind oben gezeigte Schubspannungen. Hier werden diese durch das Prüfgewicht in eine Richtung statisch simuliert.

5.3 *Prozessbegleitende Prüfungen*

5.3.1 Sie planen den Produktionsprozess begleitend mit geeigneten Prüfmethoden zu überwachen

Sie sorgen dafür, dass eine ausreichend große Mengen von Tests pro Produktionscharge durchgeführt wird.

Zunächst sollten Sie Abzugsversuche mit den verklebten Bauteilen einplanen. Sie ermitteln einen statistischen Durchschnittswert anhand von 3-5 Proben und legen Ihren untersten Grenzwert fest. Die prozessbegleitende Prüfung wird in der Regel nach 0,5 Stunden und nach 24 Stunden ermittelt. Nach mehreren Chargen im Verlauf eines Jahres hat man somit genügend Erfahrungen gesammelt, um zum einen die Einflüsse des Klimas auf die Klebequalität zu kennen und zum anderen wie gut oder schlecht der Aufbau der Klebkraft im Verlauf der Zeitschiene ist.

Ein einfacher Versuchsaufbau ist zum Beispiel an den Halterungen der Parksensoren im Fahrzeugstoßfänger darzustellen. Hier wird im einfachsten Fall eine Zugfeder mit Schleppzeiger oder aber eine Druckmessdose als Kraftgeber verwendet und das Bauteil senkrecht zur Oberfläche per Hand abgezogen. Die Abzugskraft bei diesem Bauteil kann je nach Klebersystem, Größe der Klebfäche und der Oberflächeneigenschaften in einem Bereich von ca. 300 bis 500 N liegen.

Sind nun alle Prozessparameter im Verlauf der Zeit bekannt und es entstehen unerwartete Abweichungen so ist man relativ schnell in der Lage den Prozess zu stoppen und auf Veränderungen zu analysieren.

(s. hierzu auch Kapitel 6. Fragebogen zum einfachen Prüfen aller Parameter)

5.3.2 Eine permanente Kontrolle soll durchgeführt werden

Eine permanente Kontrolle von Klebeverbindungen ist nur begrenzt möglich.
Dennoch ist ein Ansatz hierfür die Bauteilanalyse über Thermografie. Die Thermografie nutzt eine Wärmequelle wie einen externen Infrarotstrahler oder eine Ultraschallschwingung, um einen Wärmefluss innerhalb der Bauteile zu erzeugen. Dieser wird über eine Infrarotkamera zu ermitteln versucht.
Auf dem Prüfbild der Wärmekamera kann man unterschiedliche Temperaturzonen erkennen, welche über den Wärmeabfluss die vorhandene oder auch nicht vorhandene Klebekontaktfläche in unterschiedlichen Farben dargestellt wird. Über dieses Verfahren kann man eine permanente Kontrolle der Kontaktfläche bei dem einen oder anderen Anwendungsfall durchführen und wenn gewünscht auch mit den Fahrzeugdaten in der Prozesskontrolle ablegen. Dieses Verfahren ist besonders interessant bei Bauteilen, welche stark unter dem Einfluss der Konturparallelität stehen.
In Kombination mit den Stichprobenprüfungen hat man eine deutlich verbesserte Qualitätskontrolle.
Einschränkungen hierbei sind, dass keine absolute Klebkraft feststellbar ist, dass sich nicht alle Bauteile für diese Prüfung eignen da sie zum einen vielleicht nicht genügend Wärmeleitung ermöglichen oder dass bei elektronischen Bauteilen die Ultraschallschwingung einen negativen Einfluss auf die Funktion haben kann.

6 *Fragebogen* zum einfachen Prüfen aller Parameter einer Klebeverbindung mittels doppelseitigen Klebebands:

1. Welche Werkstoffe habe ich zu verkleben?
   a. Sind die Oberflächen hoch- oder niederenergetisch? (Bei niederenergetischen Werkstoffen Vorbehandlung beachten!)
   b. Sind es ähnliche oder unterschiedliche Werkstoffe (Längenausdehnungskoeffizient)

2. Oberflächenbeschaffenheit
   a. Ist die Oberfläche glatt oder rau?
      (Evtl. muss ich vor dem Verkleben die glatte Oberfläche mechanisch rauer gestalten. -> Klebebanddicke)
   b. Sind die Bauteile Konturparallel?
      Wodurch gleiche ich Abweichungen aus? (-> z.B. mit dickem Klebeband)
   c. Sind die Oberflächen sauber?
      (Reinigung; kann sich über die Serie verändern!)

3. Verarbeitungsrichtlinien für Klebeband festlegen
   a. Temperatur
   b. Zeit
   c. Anpressdruck

4. Kontrolle der Verklebungsqualität
   a. Unterschiedliche Verfahren beachten
   b. Abzugswerte bei Auslegung der Klebeverbindung und später zur statistischen Kontrolle
   c. Ist 100% Kontrolle notwendig / umsetzbar? -> Verfahrenstechnik

Diesen Fragebogen finden Sie auch unter
www.tapetec4you.com

7 Verarbeitungshinweise

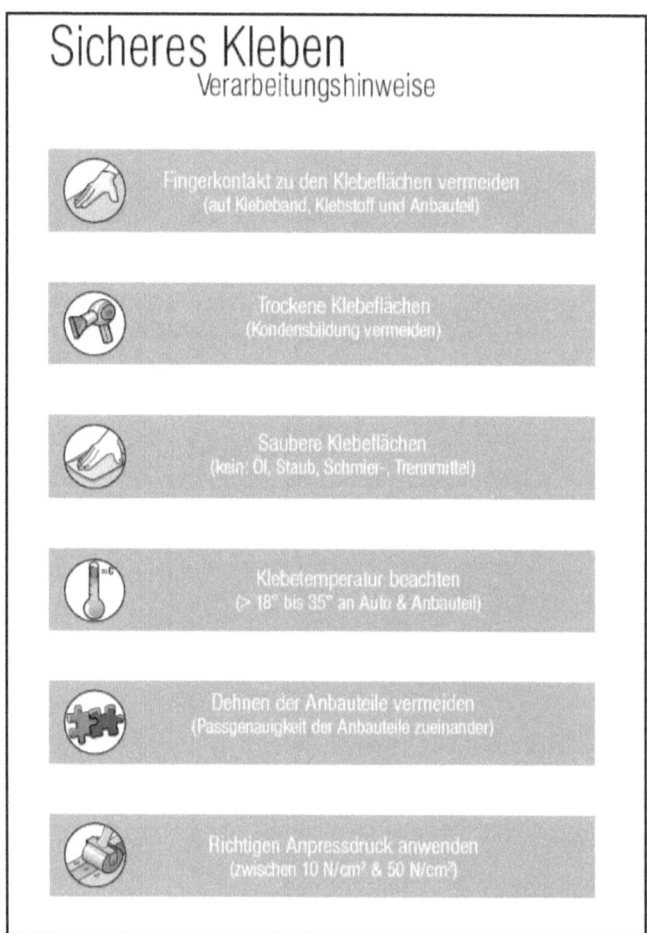

„Copyright © 3M Deutschland GmbH, Neuss 2009"

Die o.g. Verarbeitungshinweise für sicheres Kleben sind in allen Bereichen der Klebetechnik die Grundlage für eine sichere Prozesstechnik und sollten an jedem Arbeitsplatz ausliegen.

8 Resümee

Sie haben jetzt viele grundlegende Informationen über die Produkte, Anwendungen und Prozesstechniken erhalten.

Dennoch fragen Sie sich welches Produkt Sie nun für Ihre Anwendung einsetzen sollen?

Es gibt oftmals unterschiedliche Lösungswege! Welcher sich für Sie am geeignetsten darstellt, sollten Sie in einem Beratungsgespräch mit dem Klebebandspezialisten Ihrer Wahl durchführen. Der in Absatz 6. angeführte Fragebogen bildet für Sie und Ihren Ansprechpartner eine handfeste Grundlage, um einen Lösungsansatz zu ermitteln.

Ich kann Ihnen nur empfehlen bereits bei der Auslegung von Bauteilen und Ihren Komponenten diese Gespräche zu führen, weil bereits in der Planungsphase die Grundlagen für eine optimale Verbindung mittels Klebetechnik gelegt werden.

Spätere Änderungen sind oftmals ein großer Kostenverursacher oder gar nicht mehr möglich, weil das Design zu weit fortgeschritten ist. Dadurch entstehen dann -das eine oder andere mal - nur dürftig zufriedenstellende Lösungen. Das kann sogar so weit gehen, dass bei nicht ausreichender Prüfung in der Projektphase, erst die Ausfälle im Feld auf die Probleme hinweisen.

9 Ein abschreckendes Beispiel?

Ein typisches Beispiel ist, dass eine Klebeverbindung schnell geprüft und ausgelegt wurde und der Einsatz in den Sommermonaten also in der warmen Jahreszeit startet. (Im mitteleuropäischen Klima bei Raumtemperaturen von 20-30°C und einer relativen Luftfeuchte von 55%.)

Nun haben sich alle Produktionsprozesse eingespielt und stabilisiert und kurzfristige Auftragsspitzen werden auch gemeistert, indem die Prozesszeiten teilweise verkürzt wurden. Also alles läuft wie geschmiert und kein Mensch sorgt sich. Jetzt schreitet die Zeit fort und auf einmal kommt es zu Ausfällen! Was ist geschehen? Sie haben doch alles vorausgeplant, die Prozessparameter sind stabil und alle Mitarbeiter halten sich an die Arbeitsanweisungen. Da kann sich nur was am Klebeband verändert haben! *Oder?*

Nun ja, wir haben jetzt aber Winter und die Temperaturen liegen im Schnitt vielleicht knapp über 0°C und in extremen Bereichen auch bei -10 bis -20°C.

Gerade dieses Beispiel bietet viele unterschiedliche Aspekte, welche intensiv zu betrachten sind.
Der Verklebungsprozess kann durch folgende Störfaktoren behindert werden. (s. hierzu auch das Tortendiagramm Kapitel 3.5) Die Temperaturen sind zu gering und der Aufbau der Klebkraft durch verzögerte Oberflächenbenetzung verlängert sich. Wenn kalte Bauteile u/o. das Klebeband in nicht gewärmten Lagerbereichen lagern, so kann es sein, dass diese wenn sie kurzfristig zur Verarbeitung geholt werden immer noch kalt in den warmen Produktionsbereich kommen.

Dann haben Sie gute Voraussetzungen geschaffen damit sich an den Oberflächen durch Kondensation Feuchtigkeit anlagern kann. Damit wird der Kontakt der Oberflächen zumindest vermindert und evtl. sogar auf Dauer gestört. Wenn dann nach der Verklebung aus Platzgründen die Lagerung im Freien stattfindet oder sogar im Anschluss an die Montage der Transport auf dem LKW bei Minustemperaturen, so haben Sie denkbar gute Aussichten, dass die Klebeverbindung bei der ersten Belastung Ihren Dienst quittiert!

Wie sie sicher schon vermutet haben, hat sich das Klebeband in diesem Fall nicht verändert, aber durch die Prozessgestaltung, welche auf optimale Bedingungen ausgerichtet war, ist es zu den Ausfällen gekommen. Ich muss mich also bei der Auslegung des Prozesses auf alle nur denkbaren Veränderungen besinnen und dazu auch notwendige Kraftreserven in die Auslegung der Verbindung einbauen. Ebenso wichtig ist es, in den Abläufen genügend Zeit für den Klebkraftaufbau einzuplanen und die Klimatisierung der Bauteile und des Klebers durch genügend Lagerkapazität in geheizten Hallen vorzusehen. Oder ich berücksichtige andere Schritte, wie gezielte Trocknung/Aufwärmung mittels Industriefön etc..

Eine konzeptionelle Prozessauslegung für die Klebetechnik berücksichtigt also auch die Umwelteinflüsse und sichert diese gepaart mit geeigneter Prüftechnik ab.

10 Klebetechnische Begriffe

Hier finden Sie eine kleine Zusammenfassung über alles Wissenswerte in Bezug auf Klebebänder und deren Umfeld.

10.1 *Acryl-Kleber* (engl. acrylic adhesive)

Polymerisierte Acrylestermonomere sind die chemische Basis der Acrylat-Kleber. In der Regel werden Kunstharze beigemischt. Diese Kleber können entweder in Lösungsmitteln oder in wässrigen Dispersionen gelöst sein. Die herausragenden Eigenschaften von Acryl-Klebern liegen in hoher Alterungs- und Temperaturbeständigkeit und weitgehender Unempfindlichkeit gegen UV-Strahlung und Oxydation.

10.2 *Adhäsion* (engl. adhesion) *Klebkraft*

10.3 *Alterungsbeständigkeit* (engl. aging resistance)

Alle Klebebänder altern, d.h. sie verändern ihre Eigenschaften in so stärkerem Maße je länger sie gelagert werden. Diese chemisch-physikalischen Veränderungen setzen nicht unbedingt die Brauchbarkeit des Klebebandes herab. Manche Kleber weisen erst nach

Alterung höhere Kohäsionswerte auf. Innerhalb der ersten sechs Monate sollte jedoch bei Klebebändern keine meßbare Veränderung der Eigenschaften auftreten. Sind nach 12 Monaten keine negativen Eigenschaften meßbar, spricht man von einer guten Alterungsbeständigkeit. Die meisten unserer Klebebänder erfüllen auch nach mehrjähriger Lagerung noch absolut ihren Einsatzzweck.

10.4   *Anfangsklebkraft* (engl. initial adhesion, initial tack)

Manche Kleber, insbesondere solche auf Butyl- und Acrylbasis, erreichen erst Stunden oder Tage nach dem Verkleben ihre höchste Klebkraft. Wenn die Anfangsklebkraft sehr hoch sein soll, werden andere Kleber eingesetzt (Hotmelt, Lösungsmittelkleber, Naturkautschuk-, Kunstkautschuk-, Silikonkleber).

Anpressdruck (engl. Pressure)

Ein Anpressdruck von ca. 10 -50 N/cm² über 5-10 s sorgt bei einem Montageklebeband dafür, dass es von Anfang an eine größtmögliche Benetz-ungsfläche erreicht und damit die Anfangs-klebkraft entsprechend hoch ist.

10.5   *Butyl-Kleber* (engl. butyl rubber adhesive)

Dieser Kleber besteht aus einer Isobutylen- und Naturkautschukmischung. Darin sind Rußpartikel eingelagert. Ein hoher Vernetzungsgrad wird bei unseren Bändern durch Heißkalandrierung erreicht. Somit ist auch höchste Alterungsbeständigkeit und Eignung für langfristige Anwendung im Außenbewitterungsbereich gegeben. Besondere Vorteile unserer Butyl-Kleber sind ferner hohe Beständigkeit gegenüber UV- Strahlung und Oxydation sowie die einzigartige Eigenschaft des Kaltverschweißens. (siehe)
Kaltverschweißung

10.6 *Dichte* (engl. density)
Raumgewicht

Die Materialmenge im Verhältnis zu einer Volumeneinheit. Die Dichte wird im Gewicht eines Kubikmeters (Raumgewicht) angegeben. Im Klebebandbereich ist nur die Dichte von Schaumstoffträgern von Bedeutung.

10.7 *Dichtigkeit* (engl. density)

Darunter versteht man die Eigenschaft eines Materials, hindurchdringende Fremdstoffe oder Energien Widerstand entgegenzusetzen. Von großer Bedeutung ist im Klebebandbereich die Dichtigkeit der Träger gegen Chemikalien, Feuchtigkeit und Gase.

10.8 Dispersion (engl. Dispersion)

Darunter versteht man die Feinstverteilung sehr kleiner Festkörper im Wasser. Im Klebebandbereich sind Acryl- und Acrylatkleber-Dispersionen von sehr großer Bedeutung.

10.9 Durchschlagsspannung (engl. voltage, dielectric strength, dielectric breakdown)

Der Widerstand, den ein Isoliermaterial fließendem Strom bis zum Durchschlag entgegensetzt. Die Durchschlagsspannung wird in Volt gemessen.

10.10 Elektrolytischer Korrosionsfaktor (engl. electrolytic corrosion factor)

Das ist die mögliche Korrosionswirkung eines Klebebandes auf ein anderes Material. Zur Messung des Faktors wird das Klebeband auf eine Kupferfolie geklebt. Tritt keinerlei Korrosion auf, erhält das Klebeband den Elektrolytischen Korrosionsfaktor 1. Bei der geringsten Korrosion erhält das Klebeband einen Korrosionsfaktor unter 1.0, der sich dann, je nach Umfang der festgestellten

Korrosion, weiter vermindert.

10.11 *Faservlies* (engl. non- woven)

Faservlies besteht aus nur in Längsrichtung liegenden natürlichen oder synthetischen Fasern, wobei diese durch Klebstoff oder durch Verpressung und Hitze einen Verbund bilden. (z.B. Tempo Taschentücher)

10.12 *Flachkrepp* (engl. flat crepe paper)

Wird benötigt zum Abkleben bei Lackierarbeiten zum Bündeln, Kennzeichnen u.s.w. Flachkrepp besteht aus Papier, welches in der Regel einseitig auf der Oberfläche lackiert oder imprägniert ist. Die Dicke des Bandes beträgt in der Regel max. 0.2mm. Flachkrepp läßt sich bis zu 15% seiner ursprünglichen Länge bis zu seinem Zerreißpunkt ausdehnen.

10.13 *Haftvermittler* (engl. primer)

Zahlreiche Träger lassen eine Direktbeschichtung aufgrund ihrer chemisch-physikalischen Eigenschaften nicht zu, da die Kleberverankerung unzureichend ist. Darum wird häufig vor der Kleberbeschichtung ein

Vorstrich mit einem Haftvermittler aufgebracht.

10.14 *Heißschmelz-Kleber* (engl. hotmelt adhesive)

Diese Kleber bestehen aus trockenen, nicht klebenden Kunstharzen, die durch hohe Temperaturen von 130°C bis 180°C aufgeschmolzen werden und nach dem Erkalten einen hohen Grad von Klebrigkeit und Klebkraft behalten. Vorteile des HOT-MELT-Klebers liegen in seiner sehr hohen Klebkraft bei Normaltemperaturen, seine Nachteile in Empfindlichkeit gegenüber Temperaturen über 40°C und UV-Strahlung, mangelnder Resistenz gegen Weichmacher und geringer Alterungsbeständigkeit. Durch Beimischungen werden diese negativen Eigenschaften jedoch vermindert. Dadurch können zum Beispiel Hot-Melt-Kleber weitgehend weichmacherbeständig werden.

10.15 *Hochkrepp* (engl. high stretch crepe paper)

Darunter versteht man ein Papierband, welches stark geleimt, in der Regel nicht lackiert, sich um mindestens 40% seiner ursprünglichen Länge bis zu seinem Zerreißpunkt ausdehnen läßt.

10.16 *Isolierstoffklassen* (engl. electric insulation classes)

Klebebänder, die im Elektrobereich eingesetzt werden, werden entsprechend ihrer Dauerhitzebelastbarkeit in Temperaturbereiche, auch Wärmeklassen genannt, von "Y" bis "H" eingeteilt.
Die einzelnen Klassen bedeuten:
Klasse Y einen Dauertemperaturbereich bis 95°C
Klasse E einen Dauertemperaturbereich bis 120°C
Klasse B einen Dauertemperaturbereich bis 130°C
Klasse F einen Dauertemperaturbereich bis 155°C
Klasse H einen Dauertemperaturbereich bis 180°C
Rückschlüsse auf andere technische Eigenschaften der Klebebänder können aus der Zuordnung zu einer Isolierstoffklasse jedoch nicht gezogen werden.

10.17 *Isolierung* (engl. insulation)

Darunter versteht man die teilweise oder völlige Abschirmung eines Gegenstandes gegen äußere Einflüsse wie Feuchtigkeit, Hitze, Kälte, Schall, Staub sowie elektrischem Strom.

10.18 *Kalander* (engl. calender)

Maschine mit über- oder hintereinander angeordneten schweren, meist beheizten Walzen, mit denen Oberflächen von Trägermaterialien geglättet und Kleber auf eine gewünschte, sehr präzise Schichtdicke ausgewalzt werden. Auch Filme höchster Reißfestigkeit werden durch Verstreckung, häufig biaxial, auf Kalandern produziert. (z.B. Strapping Tape.)

10.19 *Kaltverschweißung* (engl. cold-seal)

Butyl-Kleber besitzen die Eigenschaft, sowohl auf sich selbst, als auch auf nahezu jeder anderen Oberfläche sofort und absolut nicht mehr ablösbar zu kleben. Dieses nennt man eine Kaltverschweißung. Sogar bei leicht verschmutzten und leicht feuchten Oberflächen ist noch eine gute Verklebung möglich. Jedoch auf silikonisierten Oberflächen ist eine Kaltverschweißung nicht möglich.

10.20 *Kautschuk - Kleber* (engl. rubber-solvent adhesive)

Diese bestehen aus Naturkautschuk, welcher zermahlen und dann mit Lösungsmitteln wie Benzin vermischt wird. Dabei löst sich der Gummi auf und eine zähe Klebmasse entsteht. Hohe Klebkraft und sehr gute Scherfestigkeit zeichnen den Kleber aus. Nachteile:

Durchschnittliche Temperatur- und Alterungsbeständigkeit sowie mangelnde Resistenz gegen UV-Strahlung und Empfindlichkeit gegen niedrige (unter 10°C) als auch erhöhte (ab 50°C) Temperaturen.

10.21 *Klebkraft* (engl. adhesion power)

Dieser Begriff ist identisch mit **Adhäsion**. Darunter versteht man die Kraft, die benötigt wird, um ein auf eine Oberfläche aufgeklebtes Klebeband wieder abzuziehen. Um vergleichbare Werte zu erzielen, wird bei Laborversuchen nach festen Normen geprüft: So wird ein 25mm breites Klebeband auf eine polierte Stahlplatte geklebt und dann mit konstanter, festgelegter Geschwindigkeit im Winkel von 180° abgezogen und die dafür benötigte Kraft in kp oder N gemessen.

10.22 *Klebrigkeit* (engl. tack)

In der Regel hat ein sich sehr "klebrig" anfassendes Material keine innere Festigkeit, also keine Kohäsion. Honig ist hierfür das beste Beispiel. Trotzdem wird für rauhe, unebene und staubige Untergründe häufig ein sehr klebriges Material benötigt. Die Klebrigkeit wird durch den Kugeltest gemessen. *(siehe Kugeltest)*

10.23   Kohäsion (engl. cohesion) *Scherfestigkeit*

Kraft die benötigt wird, um die Kleberschicht zu spalten. Kleber mit niedriger Kohäsion hinterlassen beim Abziehen des Klebebandes Rückstände auf der vorher verklebten Oberfläche. Besonders unerwünscht bei Lackierabdeckbändern.

10.24   Korrosion (engl. corrosion)

Beginnt zunächst auf der Oberfläche und führt schließlich zur völligen Zerstörung fester Materialien aufgrund der Einwirkung von Gasen, Säuren und Laugen.

10.25   *kp* (Abk. für Kilopond)

1kp ist die Krafteinheit mit der eine Masse von 1kg auf ihren Aufhängungspunkt einwirkt.

10.26   Kugeltest (engl. rolling ball tack test)

Zur Ermittlung der Klebrigkeit rollt eine Stahlkugel von einer schiefen Ebene auf die Kleberseite. Je kürzer der Weg ist, den die Kugel darauf zurücklegen kann, umso klebriger ist der Kleber. Der Kugeltest wird in cm gemessen. Der Test ist sehr umstritten, da keine genauen Daten erfaßt werden können.

10.27 *Lagerung* (engl. storage)

Bei der Lagerung von Klebebändern ist zu beachten, daß die Bänder dunkel und bei einer Temperatur von ca. 18°C gelagert werden. Die meisten Klebebänder besitzen eine gute Alterungsbeständigkeit, so das der Zeitfaktor eine geringere Rolle spielt.

10.28 *Laminat* (engl. laminate)
Verbundmaterial.

10.29 *µ (mü)* (engl. micron)

Buchstabe des Griechischen Alphabets. Hiermit bezeichnet man die Maßeinheit, die vor allem im Bereich geringer Dicken bei Trägerfolien eine Rolle spielt. Ein µ ist = 1 tausendstel Millimeter. (0.001mm)

10.30 *N* (Abk. für Newton)

1 Newton ist die Kraft, die eine Masse von einem Kilogramm mit 1m pro s2 beschleunigt.

10.31 Opak (engl.opaque)

Bedeutet Undurchsichtig. Wichtig vor allem bei UV beständigen Bändern.

10.32 PE (engl. polyethylene)

Abkürzung für Polyäthylen. Einige Trägerfolien bestehen aus Polyäthylen. PE-Kunststoffolien sind weich und extrem dehnfähig, besitzen eine hohe Dichtigkeit, jedoch nur geringe Reißfestigkeit. Polyäthylen ist sehr empfindlich gegen UV-Strahlung. Dem Tageslicht ausgesetzt, verrottet Polyäthylen von selbst ohne Rückstände zu hinterlassen. Deshalb wird das Material als umweltfreundlich eingestuft. PE-Folien sind jedoch resistent gegen Lösungsmittel. Im Klebebandbereich sind sie für die Herstellung schwachhaftender Schutzfolien, für die unterirdische Rohrisolierung sowie für den Siebdruckbereich wichtig.

10.33 PET-Film (engl. polyester film)

Sehr hohe Reiß- und Einreißfestigkeit zeichnen den Polyesterfilm aus. Selbst bei sehr geringen Dicken von zum Beispiel 0.025mm, ist der Film sehr schwer zu zerreißen. Außerdem ist das Material sehr beständig gegen hohen Temperaturen, Laugen, Säuren, Öle und zahlreiche Lösungsmittel. Daher spielen PET-

Filme im Klebebandbereich eine sehr große Rolle, speziell in der Siebdrucktechnik sowie im Elektrosektor.

10.34 *Polyimidfilm* (engl. polyimide film)

Polymer-Film in braun-luzenter Färbung. Dieser Film ist sehr hitzebeständig und extrem reißfest. Polyimidbänder finden in der Elektroindustrie häufige Anwendung.

10.35 *PP-Film* (engl. OPP-film)

Aus Polypropylenfilmen werden in sehr großem Umfang Verpackungsbänder hergestellt. PP-Filme sind beständig gegen Laugen, Säuren und Lösungsmittel. Sie sind sehr reißfest und einreißfest, dazu außergewöhnlich preiswert. Da PP-Filme sehr empfindlich gegen UV-Strahlung reagieren, verrotten diese Filme im Freien ohne Spuren zu hinterlassen. Aus diesem Grunde gelten PP-Folienbänder als sehr umweltfreundlich. Aluminisierte PP-Folienbänder werden zur Verklebung von Dämmaterialien eingesetzt.

10.36 *PU* (engl. polyurethane)

PU ist die Abkürzung für Polyurethan-Kunststoff. Als Trägermaterial in Form von PU-

Schaum spielt dieser Kunststoff eine große Rolle. Außerdem werden auch PU-Filme sowie Folien von extremer Dehn- und Reißfähigkeit hergestellt. PU-Schaum dient als Träger für Spiegelklebeband.

10.37 PVC-Folie (engl.vinyl foils)

Vielfach dienen PVC-Folien als Träger für Klebebänder. Im Verpackungsbereich handelt es sich dabei um Hart-PVC-Folien, im Isolierbereich Weich-PVC-Folien. Hart-PVC-Folien sind sehr reißfest und gut bedruckbar. Grundsätzlich besitzen PVC-Folien eine gute UV-Stabilität. Klebebänder mit Trägern aus PVC-Folien werden darum häufig im Außenbereich eingesetzt.

10.38 Raumgewicht (engl. cubic weight) Dichte.

Das Raumgewicht (Rg) ist das Materialgewicht eines Kubikmeters (m^3). Es wird in kg/m^3 angegeben. Wichtig zur Bestimmung von Schäumen.

10.39 Reißfestigkeit (engl. tensile strength)

In der Regel wird die Reißfestigkeit mit einer Zugprüfmaschine ermittelt. Dabei werden beide Enden eines 25 mm breiten Klebebandes fest eingespannt, wonach eines der Enden dem anderen Ende entgegengesetzt langsam mit einer genormten Geschwindigkeit gezogen wird, bis das Klebeband reißt. Die Kraft die dafür aufgewandt wird, wird in Newton (N) angegeben. Der Kleber spielt bei dieser Prüfung keine Rolle. Große Schwankungen treten jedoch häufig auf, da die fabrikationsbedingten Tolleranzen der Träger eine entscheidende Rolle spielen. Aus diesem Grunde wird in der Regel ein Mittelwert von mindestens 20 Messungen als Reißfestigkeitswert angegeben.

10.40   *Rückstellvermögen* (engl. elastic memory)

Damit bezeichnet man die Tendenz eines flexiblen Trägers, nach seiner Ausdehnung auf seine ursprüngliche Länge zurückzuschrumpfen. Besonders zu beachten bei PP-Folienträgern.

10.41   *Scherfestigkeit* (engl. shear adhesion, shear resistance, holding power)

Der Begriff der Scherfestigkeit eines Klebers ist mit dem der Kohäsion nahezu identisch: Scherfestigkeit bedeutet das Klebevermögen oder die Klebkraft bei Belastungen durch unterschiedliche Zuggewichte und meist erhöhte Temperaturen. Somit kann die

Scherfestigkeit in Gewichts- oder Zeiteinheiten gemessen und definiert werden. Die Vorgehensweise ist folgende: Ein Klebebandabschnitt wird an einem seiner Enden auf eine starre, fest montierte und polierte Stahlplatte geklebt. Daraufhin wird am anderen freien Ende des Klebebandes ein Gewicht befestigt. Durch Auswechseln und Erhöhen der Gewichte kann nun festgestellt werden, bis zu welchem maximalen Gewicht der Kleber auf der Stahlplatte hält, ohne daß das Klebeband durch das Gewicht nach unten gezogen, zunächst langsam abrutschend, "abscherend", schließlich abfällt. Der gleiche Versuch bei unterschiedlichen Temperaturen gibt Aufschluß über das Verhalten, (die Beständigkeit) des Klebers bei verschiedenen Temperatureinwirkungen.

10.42   Silikonisieren (engl. siliconizing)

Silikon (chem. SI) ist eine nichtmetallische Verbindung, welche nach dem Sauerstoff auf der Erde am häufigsten, wenn auch nur in Verbindung mit anderen Stoffen, vorkommt. Silikonverbindungen werden in Lösungsmitteln aber auch in Dispersionen gelöst. Sie werden in diesem gelösten Zustand dann auf Papiere, Folien und Filme aufgebracht und anschließend unter hohem Druck vernetzt. Silikonisierte Oberflächen sind sehr glatt und rutschig. Gebräuchliche Kleber finden auf Silikon keinen Halt. Hierzu benötigt man Silikonkleber.

10.43 Silikon-Kleber (engl. silicone rubber adhesive)

Silicon-Kleber besteht aus synthetischen Polymeren mit gummiähnlichen Eigenschaften (Elastomeren), die zusammen mit organischen Silikonverbindungen einen Kleber von höchster Temperaturbeständigkeit und extremer Kältebeständigkeit ergeben. Silikonkleber haften als einzige auf silikonisierten Folien und Papieren.

10.44 Spleiß (engl. splice)

Aus dem englischem übernommenes Wort. Bedeutet so viel wie Klebe- oder Flickstelle. In der Folien,- Papier und Pappenindustrie sehr gebräuchlich. Spleiße werden in diesen Industrien zur Endlosmachung von Papier,- oder Folienbahnen verwendet. Hierzu werden verschiedene Spleissbänder eingesetzt.

10.45 Teleskopieren (engl. telescoping)

Von Teleskopieren spricht man, wenn sich ein Klebeband, hervorgerufen durch starken inneren Druck, seitlich, trichterförmig, teleskopartig herausschiebt. Das Band schiebt sich deshalb seitlich heraus, da es durch die oben liegenden Klebebandschichten nicht nach oben und durch den festen Kern nicht nach unten ausweichen kann. Diese Deformation, die die Klebereigenschaften nicht beeinflusst, entsteht durch zu stramme Wicklung während der Herstellung des Klebebandes oder durch ein späteres Aufquellen, wenn das Klebeband ungeschützt hoher Luftfeuchtigkeit ausgesetzt ist.

10.46 *Temperaturbereich* (engl. operating temperature)

Bei steigenden Temperaturen steigt die Klebrigkeit und sinkt die Klebkraft von Klebebändern (ausgenommen wärmehärtende Kleber). Bei fallenden Temperaturen geht zwar die Klebrigkeit zurück, die Klebkraft steigt jedoch nur im Bereich mittlerer Temperaturen von ca. 18°C bis 25°C. Wenn Klebebänder kalt gelagert werden, müssen sie zu ihrer Verarbeitung wieder auf Raumtemperaturen von circa 20°C gebracht werden.

10.47 *Träger* (engl. carrier, backing)

Unter Träger versteht man das Material, auf dem der Kleber aufgetragen wird. Das sind in der Regel Folien, Gewebe oder Papier.

10.48 *Trennlage* (engl. liner)

Unter Trennlage versteht man in der Regel einen Film, eine Folie oder ein glattes Papier, welches einseitig oder doppelseitig silikonisiert und somit kleberabweisend wurde. Trennlagen müssen zwischen den einzelnen Klebebandlagen liegen, wenn der Kleber auf dem eigenen Träger zu fest oder sogar kaltverschweißend (**Butyl-Kleber**) haftet. Bei zweiseitig klebenden Bändern muß die Trennlage auch stets zweiseitig silikonisiert sein.

10.49   UV - Strahlung (engl. ultraviolet rays)

UV-Strahlen sind im Tageslicht, insbesondere im Sonnenlicht enthalten. Sie setzen in Kautschuk- und Heißschmelzklebern eine chemische Reaktion in Gang, die die molekulare Struktur in kürzester Zeit, im Extremfall sogar in Minuten zerstören kann. Klebebänder mit diesen Klebern müssen daher immer dunkel gelagert werden. Direkte Sonneneinstrahlung oder Außenbewitterung sind unbedingt zu vermeiden. Weitgehende Beständigkeit gegen UV-Strahlung weisen Acryl- und Butyl-Klebebänder auf.

10.50   Verbundmaterial (engl. laminate)

Unterschiedliche Träger werden unlösbar zusammengefügt (laminiert), wobei die Addition der jeweiligen Eigenschaften einen für die Anwendung optimierten Gesamtträger ergibt.

10.51 *Vernetzung* (engl. cross-linking)

Darunter versteht man die chemische Veränderung der Molekularketten von Substanzen. Das heißt, die ursprünglichen Molekularketten werden dreidimensional zu einem Netzwerk verknüpft. Die Vernetzung von Klebern soll die Adhäsion und Kohäsion steuern und die Resistenz der Kleber gegenüber chemischen und thermischen Einflüssen erhöhen.

10.52 *Wärmehärtend* (engl. thermosetting)

Das ist die besondere Eigenschaft eines Klebers, bei Hitzeeinwirkung an Härte und Klebkraft zuzunehmen. Anwendung finden wärmehärtende Bänder in der Elektrotechnik, bei der Herstellung von Kondensatoren und in der Spulenwicklung.

11. Danksagung

An dieser Stelle möchte ich mich nochmals für die Unterstützung bei der Erstellung dieses Buches bedanken.

Meiner Familie für Ihre Geduld und das Verständnis, dass ein durchaus nicht geringer Zeitaufwand notwendig war, die Recherchen für dieses Buch und seine Gestaltung durchzuführen.

Bei meinem Arbeitgeber Matthias Schach, Inhaber der Gustav Scharnau GmbH für die Möglichkeit, dass ich mein Wissen bei ihm weiter entwickeln konnte und nun in diesem Buch veröffentlichen darf.

Bei der 3M Deutschland GmbH für die Genehmigung der Darstellung „Sicheres Kleben".

Der Vulkan Technic GmbH dafür, dass man mir die verschiedenen Beispiele zur Automatisierungstechnik zur Verfügung gestellt hat.

Der CMV hoven GmbH für die Überlassung von Produktinformationen und Bildmaterial zu den Tekscan-Folien.

Allen Menschen, die mir in meiner täglichen Arbeit durch unterschiedlichste Fragestellungen immer wieder den Impuls gegeben haben, dass eine Zusammenfassung meiner Erfahrungen eine wertvolle Hilfestellung für eine breite Masse an Anwendern darstellen könnte.

12. Literaturhinweis

Darüber hinaus möchte ich explizit darauf hinweisen, dass alle Texte (außer den mir überlassenen) frei geschrieben wurden und Ähnlichkeiten zu bestehenden Texten reiner Zufall sind.

Herstellung und Verlag:
Books on Demand GmbH, Norderstedt
ISBN 978-3-8423-2759-7

www.ingramcontent.com/pod-product-compliance
Lightning Source LLC
Chambersburg PA
CBHW020454220526
45464CB00002B/980